KB107623

정신과
의사의
식탁

정신과
의사의
식탁

내 마음을 만나는 가장 맛있는 곳

양정우 지음

에이도스

CONTENTS

추천의 말   006

프롤로그   008

01 지금 그리고 여기

우연히 또 감정적으로 014 | 상생의 손 016 | 개복치 020 | 겉과 속 023 | 음식의 사계절 025 | 머물러야 보이는 것들 032 | 지금 그리고 여기 035

02 자유 혹은 선택

개와 고양이가 함께하는 방법 041 | 선택하지 않을 자유 044 | 검도록 푸른 섬 049 | 내보낼 수 있으나 들어오지 않는 것 052 | 섬을 지키는 청년 055 | 불안 058

03 취향과 입맛

취향에는 죄가 없다 068 | 음식의 맛 071

04 보는 나, 보이는 나

여행과 관광 078 | 물과 고기 081 | 구판장의 소크라테스 085 | 청춘의 덫 090 | 비움과 채움 093

05 충분히 좋은

Just the way you are **101** | 천국의 입구 **104** | Let it be **106** | 이방인의
노래 **111** | 존중과 적응 **115** | 충분히 좋은 **120**

06 오래된 기억

현실과 비현실이 맞닿은 곳 **129** | 낡음에 대해 **133** | 원형의 맛 **138** |
타협과 사라짐 **143** | 변해버린 것들, 변해야 하는 것들 **146**

07 함께 먹는다는 것

혼밥과 밥터디 **155** | 한없이 가벼운 외로움 **158** | 점유가 공유가 되는
순간 **164** | 옥산집의 공용 식탁 **172**

08 화해 그리고 만남

외식 계급 **179** | 외식 인류 **184** | 제육볶음과 계란프라이 **185** | 3점짜
리 밥상 **192** | 쌀밥의 대관식 **197** | 비빔밥 블루스 **200**

에필로그　**209**

"개복치를 즐기는 정신과 의사가 음식으로 감정을 복기하고 어머니라 부를 수 있는 진짜 '사람' 을 만난다. 그가 차려놓은 식탁에 취하다 보면 미식보다 깊은 치유에 배부른 느낌이다."

_백종우(경희대학교병원 정신건강의학과 교수)

"돼지는 무엇으로 사는가. 생각하는 돼지에게 추천하는 맛있는 읽을거리"

_최자(다이나믹듀오)

"먹성 좋고 사람 좋아하는 정신과 의사가 편하게 말하듯 써내려간, 특별하지 않아 특별한 한 끼 식사 이야기. '정신과 의사가 밥 먹으면서 하는 생각도 크게 다를 거 없네.' 적잖이 안도하며 읽 다 보면, 그 생각과 고민들을 마주하고 풀어내는 방식은 크게 다름에 감탄하게 된다. 이 책은 '숨은 맛집 가이드북'이 아니라 '숨겨진 마음을 만나는 맛있는 밥상 가이드북'이다. 숨겨진 당신 의 고민들과 허심탄회하게 밥 한 끼 하며 마주할 수 있는 좋은 안내서가 될 것이다."

_이정규(KBS 예능 PD)

"음식의 맛을 찾아 떠난 여행길에서 인생의 멋을 느낀 이야기. 그 여정의 일부에 동행한 것은 나에게 큰 행운이었다. 물 흐르듯 유려한 문장은 그 자리에 함께하지 않은 여정마저도 함께하 는 듯한 기분을 느끼게 한다."

_송현수(블로그 '녹두장군의 식도락' 운영자, 작가)

"쉽게 할 수 있는 이야기를 어렵게 하는 데 일가견 있는 블로거 아우님이 어느새 정신과 의사가 되었다. '그래, 그만큼 어울리는 직업도 없을 거야.' 그러더니 이젠 또 음식과 마음에 대해 말이 아니라 글로 써서 『정신과 의사의 식탁』을 내놓았다. 음식과 일상과 여행과 자기 마음에 관해 시시콜콜 길게 풀어놓았다. 친근하고 나긋나긋 말하는 듯한 글을 읽다 보니 나도 모르게 미소 짓 게 되고 마음이 훈훈해진다. '그래, 정말 딱 들어맞는 직업을 찾았어.'"

_배동렬(네이버 블로그 '비밀이야' 운영자)

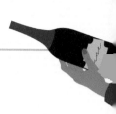

"수년 전 신당동 중앙시장 '옥경이네 건생선'에서 처음 만난 날을 기억한다. 동경하던 라보사의 존재감에 압도되었지만 이내 천진난만한 그의 농담 앞에서 무장해제 당하던 날을. 책을 읽다 보니 그날이 떠오른다. 정신과의 영역은 너무 거대해서 경외의 눈으로 바라볼 수밖에 없지만 음식에 대한 따스한 시선과 감칠맛 나는 여행의 발자취를 따라가다 보면 어느새 하루키의 수 필집을 읽는 듯 경쾌하고 상쾌해진다."

_박후영(네이버 블로그 '후후의 식도락' 운영자, 외식사업가)

"어느새 화두로 떠오른 미식에는 여러 가지 목적이 있다. 말 그대로 맛을 탐닉하기 위함도 있 고, 요즘처럼 SNS에 자기를 표현하는 시대에는 무엇을 먹는지 보여주기 위한 과시욕도 있을 것이다. 하지만 이 책은 '그저 탐닉하기 위한 것도 보여주고 과시하기 위한 것도' 아니다. 음식 과 마음에 대한 깊은 성찰이 곳곳에 스며 있으면서도 편안한 친구와의 잡담처럼 속 깊고 포근 하고 따뜻하다. 그럴듯한 풍류도 담았지만 과하지 않고 그저 담백하다. 읽는 내내 먹는다는 것 의 의미와 삶의 경험과 우리들 자신의 행복이 마음속에서 절로 어우러지는 독특하고 흥미로운 경험을 하게 해준다."

_임기학('레스쁘아 뒤 이부' 오너셰프)

"맛집을 소개하고 평가하는 블로그와 SNS 그리고 유명 셰프가 주인공인 방송들이 넘쳐나지만 아이러니하게도 많은 사람들은 미식이라는 벽 앞에서 더 소외되는 것 같다. 친숙한 음식에서 시작해 다 알면서도 모른 척 '이런 것도 있더라구. 같이 먹어보자' 하며 은근슬쩍 손을 내미는 듯한 글, 조심스럽고 신중하면서도 누구에게도 굳이 격을 두지 않는 친근함이 그런 벽을 허무 는 느낌이다. 뚝딱뚝딱 만들어내는 음식도 넘쳐나고, 휙휙 써서 내놓는 글도 넘쳐나는 시대에 아주 오래 묵혔다 소중히 내어주는 할머니의 간식 같은 아련한 문장들이 잔잔하게 마음을 만 져준다. 글에 대한 찬사를 하면 오히려 누가 될 것 같아 주저하는 마음이 들 만큼 섬세하게 어 우러지는 이야기와 사람, 맛의 향연에 물들어 보시기를."

_팔호광장(정신건강의학과 전문의, 『알고 싶니 마음, 심리툰』 저자)

'오늘 저녁 뭐 먹지?'

누군가에게는 고대했던 데이트에서 먹을 맛있는 식사에 대한 설렘을, 누군가에게는 적당히 때워야 하는 한 끼의 조금은 귀찮음을, 또 다른 이에게는 비록 혼자지만 치킨이라도 한 마리 시켜 스스로에게 작은 위로를 던지고자 하는 마음을 담은 말일지도 모르겠다.

하루 중 가장 중요한 시간은 언제일까? 아마도 저녁식사 시간일 것 같다. 어떤 하루를 보냈는지 드러나기도 하고, 어떤 방향으로든 하루의 인상을 단번에 뒤집을 수 있는 힘을 가진 시간.

우리는 이 시간을 음식으로, 그 시간을 함께 보낸 사람으로, 그리고 또 장소로 기억한다.

'만족스러운 식사.'

이를 달성하기 위해 많은 조건이 따른다. 별것 없는 한상이라도 열심히 궁리해 만족하려 애쓴다. 하루 중 가장 중요한 시간이기에.

이 글은 이를 찾는 과정, 그 과정을 더듬어보는 기록이다.

01

지금 그리고 여기

무라카미 하루키의 수필 중에는 이발소에 대한 이야기가 두 차례 정도 나온다(물론 더 많았던 것도 같다). 그중 하나는 도쿄 부근의 마음에 드는 이발소 이야기, 그리고 나머지 기억나는 하나는 미국 생활 중 겪었던 미용실에 대한 이야기이다. 정확히 기억은 나지 않지만, 여하튼 대략 요약해 보자면 이렇다.

하루키가 8년째 단골로 다니는 도쿄의 이발소는(글을 썼을 당시가 8년이니, 지금은 훨씬 오래되었겠다) 대략 하루키의 집에서 1시간 반에서 2시간 정도 열차를 타고 가야 한다. 도쿄 안에서도 수차례의 이사를 하고, 세계 방방곡곡을 전전하는 것을 주저하지 않는 이 하루키가 기어코 3주에 한 번씩 그 귀찮음을 감수하고 단골 이발소까지 가는 이유는, 아이러니하게도 그것이 제일 편하기 때문이다.

일견 평범해 보이는 머리 스타일이라 해도 디테일에 대한 개인적 호불호는 놀랍도록 미묘한 것이라, 구레나룻의 작은 길이 변화나 가르마의 미묘한 위치 차이만으로도 만족도가 확 달라지기 마련이다. 이러한 자신만의 수많은 디테일을 새로운 이발소의 누군가에게 충분히 이해시키기란 사실상 불가능에 가깝기에 아무 말을 하지 않아도 완벽한 형태의 머리를 만들어내는 이발소에 가기 위해 하루 서너 시간을 투자하는 것은 전혀 아깝지 않은 것이다.

그런 의미에서 미국에 갔을 때의 하루키 이야기는 꽤 처절하다. 작가가 외국에서 이방인으로 살아가는 시간은 장편소설을 쓰는 중요한 시간이다. 하지만 거기에는 전혀 마음에 들지 않는 투박한 이발소라든가 도쿄에서는 아마도 결코 갈 일이 없을 법한 살롱형 미용실에 가야 하는 곤란함 같은 게 어쩔 수 없이 따라온다. 아무리 단골 이발소의 익숙함이 좋다고 해도 머리를 자르기 위해 3주에 한 번씩 몇백만 원짜리 비행기를 타고 11시간을 날아올 순 없었을 테니.

촘촘하게 연결된 익숙함으로부터의 단절은 예술가들로 하여금 '내가 정말 하고 싶은 말'에 온전히 집중할 수 있게 해주는 것 같다. 그렇기에 하루키도 항상 주요 작품을 쓸 때에는 외국에서 지냈던 것 아닐까. 하루키는 일본 문단과도 거의 관계를 하지 않을뿐더러 워낙에 어떤 조직이나 집단에 소속되지 않는 사람으로 알려져 있다. 그럼에도 주거지를 중심으로 조금이나마 남아 있던 익숙함마저도 거부하고 새로운 곳을 향해 멀어지는 것이 어떤 새로운 이야기를 만들어내는 창작의 원천이었을지도 모른다.

그러나 매번 거주하는 나라의 언어를 적당한 수준으로 배울 만큼 훌륭한 적응력을 가진 하루키에게도 이 '단골 이발소'와 같은 문제는 분명히 언제나 되풀이되는, 꽤나 심각한 문제였던 것이다.

익숙함으로부터의 단절이나 고립, 변화와 새로움이 중요한 사람에게도 생활에 가장 밀접한 공간인 이발소만큼은 늘 가던 곳을 가야만 한다. 제아무리 도전적인 인물이라도 '도저히 놓을 수 없는 익숙함'이 있는 것이다. 그래서 새로운 환경에서 겪는 흥분에 대한 세금은 익숙함을 떠남으로 겪는 곤란한 에피소드들이다.

'새로운 장소에서 어디까지 단절하고, 무엇에 새로이 적응하며, 어떤 부분을 기존의 것과 연결된 채로 둘 것인가?'

장기 여행이나 이사, 혹은 나라를 옮긴 이민자들의 문화 적응과 같은 사회 현상, 어디에든 이 질문은 똑같이 주어진다. 즉, 새로운 곳에서의 삶은 익숙한 음식과 접해보지 못한 음식 중 무엇을 먹고, 낯선 곳에서 누구를 만나며 어디서 머리를 자를까의 문제다. 쿠팡은 내게 익숙하고 따뜻한 밥을 배송해주지만 새로운 지역의 단골식당에 뿌리내리는 경험은 주지 못한다. 얼굴을 맞대고 대화할 수 있는 친구를 사귀는 것, 그 친구와 함께 맘 편히 들를 식당이 생기는 것, 머리를 자르는 동안 맘 놓고 눈을 붙여도 되는 이발소를 찾아내는 것. 이 세 가지를 갖춰 나가는 것이 비로소 어떤 도시에 나를 들인 것 아닐까.

뭐 어찌 되었든 간에 3~4년 정도의 한정된 시간 동안 미국이나 그리스에 여행객도 거주자도 아닌 '곧 떠날' 중간자적 이방인으로 산다는 건 무척이나 '쿨'하고 좋은 일인 것 같다. 단골 이발소의 문제를 감수할 만큼. 비록 거창한 소설을 쓰지 못하더라도 말이다. 그곳이 내게는 포항이었다.

: 우연히 또 감정적으로 :

학생 때는 막연하게 지방에 살고 싶었다. 여행을 좋아하니 유유자적하며 지방의 병원에 취직해 일상이 여행이 되기를 바랐다. 그러나 여행은 여행이고 일상은 일상이다. 일상이 있어야 여행도 있는 것. '지방에 살고 싶다'는 바람은 '정 어쩔 수 없다면 지방에 살 수도 있다'는 정도로 가벼워졌다. 익숙한 집을 떠나 생활의 공간이 바뀌는 것이 부담스럽다는 것을 조금씩 깨닫고 있었다.

그러나 대부분의 결정은 우연히 또 감정적으로 이루어진다. 특히나 중요한 결정일수록 그렇다. 자질구레한 물건을 구매할 때는 최저가로 판매하는 곳이 어딘지, 성능이 어떤지, 얼마 이상을 사야 무료 배송이 되는지 찾아보고 대단히 신중하게 결정하지만 대학교 학과를 정할 때(TV에서 비전이 있다고 해서), 의사가 된 이후 전공을 정할 때(괜히 멋있어 보여서), 이성 친구와 사귈 때(성격은 잘 모르지만 예뻐서 혹은 잘 생겨서), 심지어 결혼을 할 때(운명인 것 같아서), 그리고 직장을 정할 때(일단 뽑아 준다니 불안하지 않아서)와 같이 중요한 결정일수록 우리는 유난히 감정적이다. 그리고 우리는 종종 뒤통수를 맞고 후회를 한다.

원래가 그렇다. 그래서 괜찮다. 우리가 태어난 것도 우연이자 감정의 산물이지 뭐 딱히 논리적인 이유는 없지 않은가.

전문의가 되어 구직활동을 시작했다. 익숙한 서울에 머물고 싶은 마음과 어디론가 떠나고 싶은 마음이 치열하게 마주 섰다. 이것도 나름의 여행이다 생각하고 지방의 병원들도 면접을 봤다. 복잡한 내 마음도 모르고 친구녀석들은 내 면접 일정을 여행 삼아 따라다녔다.

　　포항에서의 면접 날, 처음 뵙는 원장님과 바닷가의 한 횟집에서 소주를 마셨다. 예정된 시간에 내가 돌아오지 않자, 친구들은 앞으로 나를 만나려면 포항으로 와야겠구나 직감했다고 한다. 그 시각, 나는 원장님께서 따라 주신 참소주 마지막 잔을 삼키며 마음속으로 벌써 충성을 맹세하고 있었다.

: 상생의 손 :

그간 지방 곳곳을 여행했지만 수도권을 떠나 생활한 것은 인턴 시절 한 달간 청주로 파견을 나간 것이 전부였다. 포항에 자리를 잡으며 은근히 기대했던 지방 생활의 낭만은 시간의 무게에 부서지고 있었다. 퇴근하면 도무지 할 일이 없었던 탓이다. 낯선 동네 골목을 돌아다니며 산책도 하고 구경도 해보았지만 혼자 있다는 생각에 도무지 흥이 나지 않았다. 혼자 여행도 잘 다녔고 혼자 밥도 잘 먹었지만, 온전히 혼자 살아낸 적은 없었기 때문이리라.

무엇보다 밥이 문제였다. 음식에 유달리 관심이 많았지만 뭘 식당을 그리 홀로 쏘다니겠는가. 늘 곁에 있는 친구라는 날개가 꺾이고, 식도락이라는 다리가 부러지자 불안감이 엄습했다.

당시 가장 좋은 친구가 되어준 사람은 원장님이었다. 나는 레지던트 생활을 마친 지 얼마 되지 않아 아직 군기가 남아있었고 원장님은 그런 나를 재밌어 하셨다. 직장 상사지만 아버님 같고, 교수님 같았던 원장님과 함께 저녁을 먹거나 주말에 문어 한 접시 놓고 소주 한잔하며 나누는 이야기가 즐거웠다.

그러던 어느 날, 두 번째 친구가 갑작스레 나타났다. 간간이 근황을 전하던 SNS에 모르는 이의 댓글 하나가 달렸다. 자기도 6년 전에 포항으로 왔다고. 그는 서울에서 포항으로 취직해 낯선 곳에 혼자 지내던 기억을 전하며 내게 함께 자리할 기회를 주었다.

예전부터 음식 이야기를 자주 올리던 내 블로그에 아저씨들이(유독 왜…?) '술 한잔하자' '우리 동네 오면 같이 밥 먹자'는 제안을 종종 하곤 했다. 그러나 감사의 마음만 전하고 거의 응하지 않았다. 음식을 바탕으로 감상을 정리하는 것은 오랜 취미였지만 이 취미가 인간관계의 바탕이 되는 것은 경계했기 때문이었다. 취미는 취미이고 기록은 기록일 뿐, 현실에서 닉네임과 본명의 경계가 허물어지는 것이 무서웠다. 그러나 이제는 내가 아저씨가 되었고, 여기는 고독한 갈매기만 있는 포항이었다. 저 멀리 호미곶에서 상생의 손이 올라오기 시작했다.

◎

처음 본 남자 둘이 영일만에서 타닥타닥 익어 가는 조개구이를 먹었다. 어색하기 이루 말할 수 없었다. 만나고 나서야 알았지만 이 친구는 대학교 후배였다. 다행히 같은 시기, 같은 거리의 풍경을 떠올리며 대화할 수 있었다. 사실 동질감은 안도하기 위해 일부러 찾아서 부여하는 것이다. 학연을 발견해 붙이고 지연을 찾아내 관계에 덧씌운다. 서로 모르고 살았던 몇십 년간 각자의 삶에서 그나마 겹치는 사소한 모래알 같은 구석을 최선을 다해 발굴하고, 갖다 붙여 가며 동질감의 끈으로 서로를 묶고 안도하는 것이다. 그러나 그 끈은 포스트잇과 같아

포항의 대표적인 조형물이자 일출 명소인 상생의 손. 이것을 볼 때마다 태양에게 구원을 요청하는 손인지, 태양과의 상생을 위해 바다에서 내밀어주는 손인지 궁금했다. 일출 시간에 가면 손과 태양만 눈에 들어오지만, 그 외 대부분의 시간에는 갈매기의 안식처다. 상생은 특정 시간이 아닌 일상에서 이루어진다는 점에서 이 조형물의 이름이 새삼 와 닿았다.

서 시간이 지나면 금세 떨어지기 마련이다. 이때부터는 진심의 시간이다.

그도 처음 이 낯선 도시에 왔을 때 혼자 밥을 먹는 것이 힘들었다고 했다. 비싼 음식보다 더 먹기 힘든 것은 조개구이처럼 혼자 먹기 힘든 음식이다. 잔잔히 말해주는 그의 경험은 내게 위로가 되었다.

6년 전 자신의 상황과 감정을 지금의 나에게 투영시켜 보여주는 친구의 공감. 공감은 나와 타인의 태생적 경계를 희석시키는 힘이자 인간이 타인에게 보여줄 수 있는 최고의 환대다. 상생의 손은 태양을 향해 뻗었지만 정작 그 손 위에는 갈매기가 앉아 있듯이, 친구가 내게 뻗어준 공감 덕에 나는 낯선 포항에 앉아 머무를 수 있었다.

⋮ 개복치 ⋮

사람들은 종종 맛있는 식당을 어떻게 찾는지 묻곤 한다. 서울은 정보가 넘쳐나니 예외로 하고, 상대적으로 정보가 부족한 지방에서 어떻게 식당을 찾느냐는 것이다.

별다른 방법은 없다. 글과 사진을 남겨놓은 사람들의 기록을 참조하는 것이다. 믿을 만한 사람이면 가장 좋지만, 검색을 통해 와르르 쏟아져 나오는 정보에서 자기가 믿는 사람의 것만 선별하기는 어렵다. 그래서 투망을 던진다. 검색으로 선별되지 않을 바에야 지도에 나오는 식당을 하나씩 일일이 다 살펴보는 것이다. 정성스레 글을 남겨준 분께는 죄송하지만, 일단 사진만 본다. 사진을 보면 적당히 감이 잡힌다. 그리고 그냥 가본다. 고래가 걸릴 때도 있고 잔챙이 멸치가 걸릴 때도 있다. 고래면 좋지만 어떻게 고래만 먹고 살겠는가. 어쩌면 곁에 두고 오래 먹는 음식은 멸치다.

그러다 포항 시내의 한 식당에서 개복치 대창구이라는 음식을 발견

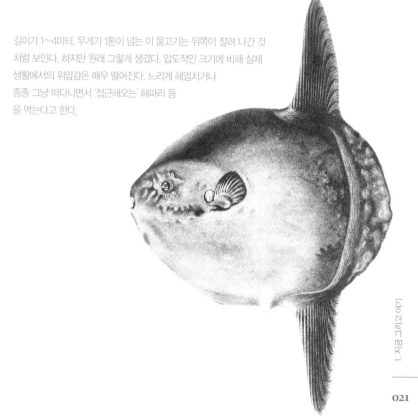

길이가 1~4미터, 무게가 1톤이 넘는 이 물고기는 뒤쪽이 잘려 나간 것처럼 보인다. 하지만 원래 그렇게 생겼다. 압도적인 크기에 비해 실제 생활에서의 위압감은 매우 떨어진다. 느리게 헤엄치거나 종종 그냥 떠다니면서 '접근해오는' 해파리 등을 먹는다고 한다.

했다. 직감이 왔다.

'이건 대박이다! 고래가 나타났다!'

개복치는 포항 지역에서 즐겨 먹는 커다란 물고기다. 포항의 식당에서 밑반찬으로 쫀쫀한 젤리처럼 보이는 것이 나왔다면 개복치일 가능성이 높다. 개복치가 잡혀 죽도시장에서 해체되는 날에는 수많은 행인들이 발걸음을 멈추고 구경할 만큼 기괴하게 생겼다.

개복치의 생활사는 아직 완전히 밝혀지지 않았는데, 학명부터가 몰라몰라*Mola mola*이니 모를 만도 하다. 그래도 모 게임에서 예민하고 섬세해 툭하면 죽어버리는 '츤데레'의 대명사로 쓰여 이름만큼은 꽤 익숙한데, 투명한 묵 같은 질감에 무미無味라 맛도 츤데레다. 어쨌든 이 녀석도 내장이 있고 대창도 있는 것이다. 어지간히 돌아다녔고 어지간한 식재료는 얼추 다 먹어봤다고 생각했는데 사람은 항상 겸손해야 한다. 개복치의 내장도 먹는 줄은 몰랐다. 도대체 무슨 맛일까. 포항에서도 유일하게 개복치 대창구이를 파는 산봉우리라는 이름의 식당을 찾았다.

이 식당은 별미로 이름난 유명 식당은 아니다. 난로 위에 숭늉이 끓고 동네 사람들이 편하게 와서 밥 먹고 가는 작은 식당이다. 메뉴는 대부분 해산물이고 오히려 흔한 삼겹살이 예약 메뉴다. 포항 시내에 있지만 메뉴 구성이 바닷가 선원들이 드나드는 식당의 문법을 따르고 있어 괜히 더 좋았다.

개복치 대창은 어슷하게 썬 대파와 함께 고추장 양념에
무쳐 연탄 화구에 굽는다.

∶ 겉과 속 ∶

개복치는 무미를 즐겼던 일본의 유명 미식가—종합예술인이라는 말이
더 맞겠지만—기타오지 로산진北大路 魯山人이나 되어야 맛있다고 할 음식
이다. 맛 자체가 희미한 식재료라 사실 맛을 논할 종류가 아닌 것이다. 본
디 짐승의 내장은 특유의 향이 있다. 그렇기 때문에 손질에 공이 많이 들

고, 잡내를 가리기 위해 양념을 하는 경우도 많다. 하지만 개복치의 대창은 내장 부위라고 해도 본질이 개복치인지라 이 역시 무미에 가까웠다. 너털웃음이 나올 만큼 일관성이 있고 겉과 속이 같은 생물이다.

생김새는 소의 대창을 펼쳐놓은 것 같기도 하고 양깃머리(소의 첫 번째 위. 특양이라고도 부른다)나 오드레기(소의 대동맥, 주로 대구에서 구이로 먹는다)와도 닮았다. 해산물 중에서는 오징어와 비슷하게 보인다. 그런데 개복치의 대창은 살코기와 식감이 달랐다. 서걱거리면서도 탄력 있게 씹힌다.

서울에서 놀러온 친구들에게 먹여 봤는데, 양깃머리나 곰장어의 식감을 연상하는 경우가 많았다. 이런 재미있는 식감을 바탕으로 고추장 양념은 칼칼하되 텁텁하지 않게 냈다. 잡내를 가리기 위한 양념이 아니라 식감만 남아있는 백지 같은 재료에 양념으로 채색해 맛을 입힌 셈이다. 이 요리는 강렬하고 선명한 그림을 그려놓은 흰 도자기를 보는 것 같았다.

이 신기한 음식 덕에 호기심 많은 친구들이 포항에 찾아오는 빈도가 잦아졌다. 너나할 것 없이 포항에 오면 개복치 대창을 먹어보자고 하는 통에 일주일에 세 번씩 이걸 먹은 적도 있다. 거절한 적은 없지만 점차 자의로 개복치 대창을 주문하지 않게 되었다.

: 음식의 사계절 :

산봉우리의 음식은 개복치를 걷어내야 비로소 보인다. 개복치 대창도 맛
있었지만 함께 내어주신 김치가 범상치 않았다. 난로와 주인장이 만들어
내는 공기 역시 심상치 않았다. 주인장이신 김정희 여사는 홀로 식당을
운영하며 시내 중앙통 술 좀 자시는 사내들을 수십 년 상대해 걸걸해지
셨을 법도 한데, 여전히 사근사근 친절하다. 가벼운 친절함보다는 멀리서
툭툭 살뜰히 챙겨주는 느낌에 가깝다. 이다지도 고운 접객을 유지하는 것
은 기술이 아니라 곧 성품이고 내공일 것이다. 어떤 환경이나 경험 속에
서도 나 자신을 지키고 유지하는 일. 그것이 진정 강함이고 외유내강이
아닐까. 때로 나는 포항에서 외로움을 느끼면 괜히 여기까지 왔나 후회한

봄이면 기본 반찬으로
두릅이 나온다.
별다른 이유는 없다.
그저 봄이니까.

늦봄에서 이른 여름인 5~6월이면 멸치볶음 같은 반찬이 나오는데 자세히 보면 주둥이
가 뾰족한 것이 멸치가 아니다. 보리멸치라고 부르기도 하는데, 사실은 까나리다. 멸치
에 비해 씁쓸한 맛이 덜하고 5~6월이 성어기라 늦은 봄, 이른 여름에 낸다. 특별한 이
유는 없다. 이때는 멸치보다 이게 더 맛있기 때문에 반찬으로 낼 뿐이다.

여름이면 죽도시장에
부시리가 보이기 시작한다.
산봉우리에서는 부시리를
급랭한 다음 얇게 썰어
쌈을 싸먹는 옛날 방식으로 낸다.

포항의 물회는 물회라기보다
차라리 비빔회에 가깝다.

적이 있고, 격전지를 떠나 지방에 오래 머무르며 서서히 도태되는 것은 아닐까 걱정하기도 했다. 일이 잘 풀리지 않으면 나를 둘러싼 환경을 탓하고 자신을 합리화하기 바빴던 나에게 주인장의 한결 같은 따뜻한 미소가 문득 따끔하게 다가올 때가 있었다.

'인생도처유상수人生到處有上手.' 김정희 여사는 어머니고 또 선생님이었다.

음식 맛도 좋았지만 점점 편안함이 더 큰 맛이 되었다. 자리 예약을 위해 전화를 하면 "뭐 해줄까? 뭐 먹을래?" 물어보시는데, 메뉴 중에 고르라는 말씀이 아니라 자식이 집에 간다고 하면 뭐 먹고 싶으냐고 묻는 어머니의 마음으로 들렸다. 점차 이곳의 음식은 내게 집밥이 되었고 더 이상 메뉴판을 보지 않게 되었다. 원래 집에는 메뉴판이 없는 법이니까. 주문 없이 그냥 그날 있는 것을 먹었다. 켜켜이 쌓인 지역의 손맛이 고스란히 담겨 있는 음식을.

가을이 되면 물회의
가자미가 오징어로 바뀌고,
서서히 물회와는 안녕을
고한다. 아쉬움은 이제
전어가 달랠 차례다.

이제 또 겨울이다.
식당에는 다시 난로가 설치되고,
습관처럼 말려 놓은
손바닥만 한 가자미포나
노가리가 익어 간다.

겨울이 되면 포항의 아귀는
제법 몸집이 커진다.
아귀 수육도 좋지만 마법 같은
양념 솜씨를 가진 이 식당에서는 찜이 낫다.
단맛을 절제하고 짧게 떨어지는 매운 양념에
아귀 간까지 갈아 넣어 맛이 진하다.

더운 여름에는 물회가 제격이다. 포항의 물회는 독특한 스타일이 있어 이 도시만의 색깔을 띤다. 외지인이 처음 포항에서 물회를 보면 당황하기 마련이다. 이름은 물회인데 도무지 물이 없기 때문이다. 물회에 넣을 물이 어디 있는지 물으면 테이블의 생수를 가리키기 일쑤다. 초고추장 위주의 슬러시 육수에 '특미' 또는 '진미'라느니 '용왕' 따위의 이름을 붙여 값비싼 횟감과 전복 등의 화려한 재료를 수놓은 다른 지역의 물회와 달리, 포항의 물회는 비빔회에 가깝다.

음식의 연원은 정확히 알 수 없지만 이 음식은 고된 노동에 지친 어부들이 선상에 널린 잡생선을 대충 썰어 고추장에 비벼 먹다가 물까지 부어 싹싹 마시며 시작되었을 것이다. 별것 아닌 재료로 만든 음식이다 보니 포항 물회의 맛은 고추장이 결정한다. 포항의 물회는 용왕의 화려한 용포보다는 어부의 땀 내음에 절은 작업복에 가깝다. 큰 정성 없이 숭덩숭덩 대충 만들어 대단치 않게 먹어야 포항의 구식 물회인 것이다. 구태

청어 과메기까지 나오면 그야말로 진짜 겨울. 함께 시간을 보내며 동네, 가게, 손님 그리고 계절이 함께 살아가는 맛, 그저 그렇게 살아가는 맛이다.

의연한 이 음식이 구태를 지키면서도 그나마 역동성을 가지려면 집집마다 고추장 맛이 달라야 한다. 어딜 가나 똑같은 새콤달콤한 육수로 혀를 지치게 하는 타 지역의 물회와 다르려면, 뭉툭한 꾸밈 아래 선명한 장맛이 나야 한다.

산봉우리의 고추장은 사과를 넣어 직접 만들었다. 물회 전문점이 아니지만 포항 물회의 핵심을 찔렀다. 물회를 맛있게 만들기 위해 고민하며 장을 담근 것이 아니라 당연하게, 으레 담근 고추장이다. 다만 배니, 오이니 정성이 너무 들어간 것이 문제라면 문제다.

어쩌면 이런 소박한 음식들이
산봉우리의 주인공이다.
모두 직접 만든 반찬들이다.
두고두고 다녀야 고루 맛볼 수 있다.

산봉우리의 여러 음식들과 함께 사계절을 보냈고 그렇게 두 해를 보냈다. 친구들과도 가고 혼자도 갔다. 혼자여도 집이라 어색하거나 외롭지 않았다. 어떤 여름에는 같이 기운 내자며 끓인 백숙을 먹기도 했고, 옆자리 단골이 예약한 돼지 수육을 같이 먹기도 하며 지냈다. 동지 즈음에는 마치 집인 것처럼 으레 끓인 팥죽도 먹었다.

사실 내가 이 식당에서 가장 좋아하는 음식은 개복치 대창도, 제철 맞은 해산물도 아니다. 바로 삼겹살이다. 어머니께서 고기를 직접 칼로 썰어 주시는데, 기계로 썰면 맛이 없다고 하신다. 살코기와 지방 결의 직각으로 썰어내 한 점 한 점마다 절절한 지방의 맛이 느껴진다.

그리고 갈치가 잔뜩 들어간 김치. 아삭하고 시원하게 발효된 갈치의 향이 가득한 김치는 주인장 손맛의 결정체라 할 수 있다. 이 귀한 것을 삼겹살 기름에 익혀 먹는 호사를 누릴 수 있었다.

조금씩이라도 손이 더 가는 방식을 통해 기본 찬부터 차근차근 맛을 쌓아 올리는 식당이다. 가만히 보면, 소소한 반찬에도 모두 주인장의 손품이 꽤 들었다. 티를 내거나 자랑하지 않지만 묵묵히 하던 대로 '아주 조금씩만' 맛있어지는 방식이 쌓이고 쌓여 이 집의 맛을 낸다.

산봉우리의 음식은 이런 것이다. 개복치 대창처럼 진귀하지 않아도, 제철 맞은 해산물처럼 화려하지 않아도 일상 속에 머물러야 보이는 맛.

사탕만큼 달지는 않지만 천천히 꼭꼭 씹으면 단맛이 느껴지는 쌀밥처럼 곁에 두고 다닐 때, 함께 살아갈 때 느낄 수 있는 맛이다.

◎

긴 꿈을 꾸었다.

적당히 허름하지만 동시에 깔끔한, 손맛 좋고 친절한 어머니가 있는 식당에 가는 꿈을 꾸었다. 테이블에는 연탄을 넣는 화구가 있어 뭘 구워 먹어도 맛있는, 그런 술집에 가는 꿈을 꾸었다. 적당히 한적해서 혼자서도 자리할 수 있는 그런 술집에 가는 꿈을 꾸었다.

포항에서 두 번째 겨울을 맞았다. 노가리도 그대로 걸렸고, 어머니는 변하신 게 없었다. 익숙한 곳을 떠나 멀리 왔지만 여전히 곁을 지켜준 사람들, 새로운 동네에 정 붙이게 도와준 포항의 인연들, 그리고 함께 지낸 동네 식당들에 고마움을 전하며 꿈에서 깼다. 그동안 나는 포항의 단골 식당에서 밥을 먹을 수 있었고 그곳에 함께 갈 친구가 생겼다. 다만 머리는 한 달에 한번 서울에 가서 잘랐다. 코로나로 서울에 가지 못할 때는 몇 달 동안 그냥 거지꼴로 지냈다. 혹시 단골 이발소까지 있었더라면 이 도시에 머문 기간이 더 길었을까.

나는 포항을 떠나게 되었고 2020년의 겨울, 가게 앞 벽에 걸려 있던 그해의 마지막 노가리를 씹으며 어머니께 작별 인사를 드렸다.

두 해 동안 참 좋은 꿈을 꾸었다.

: 지금 그리고 여기 :

이 동네에서 여러 계절을 살아내며 몸으로 익힌 음식이었다. 레시피는 손 끝에 저장되어 있어 이 집의 며느리로 시집살이 한판 고되게 하지 않는 한 배울 수도 없다. 가끔 어떻게 만드시는지 여쭤보면, "뭐 옇고 그다음에 이거 옇고 담에 이거 조금 옇고. 끼리다가 소금 옇고. 그라믄 된다." 이리 가르쳐 주시기에 도무지 방법을 알아낼 재간이 없다.

그렇게 이어온 지금 이곳, 여기 사람들의 평범한 음식이다. 연예인들 의 멋진 미소를 담은 사진보다 오래된 사진관 앞에 걸려있는 이름 모를 사람들의 어색한 웃음이 때로 더 보기 좋은 것처럼, 보통 사람의 역사를 담은 이 음식이 나는 더 반갑다.

산봉우리의 어머님은 포항에서 태어나 줄곧 이 도시에 머물며 결혼 을 하고 두 아들을 키우며 음식을 만들어 오셨다. 이분의 삶과 음식이 한 번쯤은 작은 스포트라이트를 받아도 되지 않을까. 화려한 음식 사진의 홍

그 겨울 가게 앞 벽에는
노가리가 걸려 있었다.

1. 지금 그리고 여기

035

40년 후 혹시라도 현재의 포항 사람, 포항 음식을 궁금해 하는 이에게 닿기를 바라며 글을 쓰고 셔터를 눌렀다. 모든 삶은 기록될 만한 삶이기에.

수 속에 소박하게 만든 이 동네 음식이 세상 어딘가에는 작게 기록되어도 괜찮지 않을까. 많은 사람에게 위안을 준 음식을 하신 분으로 어머니의 삶이 기억되어도 충분하지 않을까.

02

자
유
혹
은
선
택

우리는 늘 선택의 기로에 놓인다. 끊임없이 선택하고 그 선택의 결과로 변화하고 적응하는 것이 반복된다. 선택은 권리처럼 보이지만 무엇을 선택하든 적응의 책임이 따른다. 사회적 책임 이전에 자기 삶 안에서의 적응이다. 하지만 선택하지 않았다고 해서 변화와 적응이 면제되는 것은 아니다. 우리는 초등학교의 입학 여부를 선택할 수 없고, 초등학교를 졸업하면 어쩔 수 없이 중학생, 고등학생이 되어 거기에 맞춰 살아야 하는 것처럼 늘 적응은 한발 앞서 우리를 기다린다.

심지어 변화와 적응은 힘든 일에만 필요한 것도 아니다. 성인이 되고 대학생이 되고 취직을 하고 결혼을 하고 아이를 낳고 아이가 성장하는 기쁨의 과정에도 적응이 필요하다. 진료실에서 만난 한 중년 여성은 자녀를 훌륭히 성장시켰다. 큰딸은 유수의 대기업에 취직하고 결혼을 해 집을 떠낳으며 아들은 내로라하는 대학에 입학해 부모의 품을 떠났다. 경제적 상황도 큰 어려움은 없었다. 이 기쁜 이벤트들 가운데 이 여성은 허탈한 느낌, 우울한 느낌을 호소한다.

그녀는 우울증일까? 아직 알 수 없지만 오랜 기간 정성으로 가꿔온 둥지가 텅 비어버린 변화에 대해 적응이 필요하다. 자녀의 성장이라는 피할 수 없는, 아니 축복할 일에도 적응이 필요한 것이다. 문득 자기의 시간으로 돌아온 일상이 공허함을 넘어 온전히 자기의 것으로 느껴지기까지, 그동안의 삶을 돌아보고 노년이라고 하는 시기를 기꺼이 맞이하기 위한 준비가 필요하다.

나는 그녀에게 살아간다는 것은 변화와 적응의 연속이며, 그동안에는 열심히 사느라 그 과정을 느끼지도 못했다면 이제 비로소 그 과정을 느낄 수 있는 성숙한 시야가 드러난 것이라고, 자기도 모른 채 지나온 적응의 경험들을 차분히 돌아보고 지금의 적응을 함께 준비해보자고 말했다.

삶에서 자연스럽게 일어난 변화에도 적응이 필요한데, 자기가 직접 선택한 결과에 대한 적응은 말할 것도 없다. 자기가 직접 선택했다는 말은 진중한 압력이 되어 선택 자체에도, 선택 이후의 적응에도 영향을 미치며 막연한 불안이라는 감정에 빠지게도 한다. 그래서 사람은 기본적으로 자율적인 선택을 꿈꾸지만 때로는 선택하지 않고 살 수는 없을까 고민하는지도 모르겠다. 그런 마음이 때로 구체적인 계획을 정하지 않고 대충 정처 없이 떠나는 여행자의 뜻일까 생각해본다.

： 개와 고양이가 함께하는 방법 ：

수많은 여행길을 함께한 친구가 있다. 교내 식도락 동아리에서 만나 친해졌다. 동아리의 대표였던 이 친구는 사려 깊고 조심성 있는 사람이었다. 음식에 대한 지식도 훌륭했지만 관계에 대한 배려가 더 뛰어났다. 자주 먹은 음식이면 지겨울 법도 한데, 남들이 그걸 먹자 하면 타인을 위해 그걸 또 먹었다. (포항에서 지겨워도 개복치 대창을 연달아 먹을 수 있었던 것은 이 친구에게 보고 배운 탓이다.) 물냉면이 유명한 평양냉면집에서 사람들이 비빔냉면도 한 그릇 맛을 보자고 하면, 그 더운 여름에 물냉면을 포기하고 비빔냉면을 주문하는 친구였다.

　친구는 말로 자기주장을 하는 일이 드물었다. 하지만 대부분의 말과 행동이 자발적이고 가식이 없기에 가만히 오래 사귀어 보니 그의 생각과 주장을 알 수 있었다.

친구끼리 겪는 가장 난감한 상황 중 하나가 부탁을 주고받는 일이다. 그런데 솔직한 사람은 상대방을 편안하게 해준다. 내 부탁을 친구가 수락하면 그럴 만한 것이라 한 것이기에 과도하게 미안해하지 않아도 되고, 안 된다고 하면 진짜 안 되는 것이라 쓸데없이 조르지 않아도 된다. 상대방이 나에게 부탁을 한다면 정말 필요해서 말을 하는 것이니 이 역시 복잡한 생각을 하지 않아도 되어 편하다. 우리는 안 되는 것을 되게 하려 얼마나 에너지를 낭비하는가. 이 부질없는 노력을 해결하는 것은 일관된 솔직함이다.

나는 친구에 비하면 말이 많고 직설적이고 즉흥적이며 솔직하지 못한 사람이다. 그래서 이 친구의 진중한 모습이 부러웠다. 이 부러움은 질투일 수도 있겠다. 질투라는 감정은 누구에게나 자연스럽다. 병적 감정 상태가 아니라는 뜻이다. 그러나 일단 질투가 생긴 이후 우리는 무의식적 갈림길을 마주한다. 미워하고 시기하고 폄하할 것이냐, 주변 사람들의 장점과 좋은 일을 받아들이고 거기서 생기는 자기의 감정을 다스려볼 것인가의 문제다.

무의식적으로 상대방을 미워하면 무력감이 생긴다. 심지어 남처럼 성취하지 못한 나에 대한 죄책감으로 이어지기도 한다. 더불어 질투의 대상에 대한 열등감은 다른 상황에서는 내가 또 다른 타인에게 우월감을 느끼는 것과 연결되기도 한다. 질투에서 오는 불편한 감정을 풀어버릴 먹잇감을 찾는 셈이다. 어쩌면 타자他者에서 비롯된 감정이 나에 대한 부정적 정서를 거쳐 다시 타자를 통해 해소하고자 하는 일련의 무의식적 과정이 질투다. 이런 흐름 속에서는 나의 시선과 생각이 온전히 나에게 머무를 틈이 없다.

따라서 질투를 다루는 한 가지 방법은 남은 남대로, 나는 나대로 둔 채 자기에게 집중하는 것이다. 질투라는 빔 프로젝터로 타인이라는 스크린에 비춘 것은 결국 내 감정, 내 모습이니까. 내 부족함, 더 나아가 내 욕망을 음미하는 것은 스크린을 치우고 대신 거울 앞에 서는 것과 같다. 타인을 향한 질투는 때로는 자기에 대해 생각해볼 수 있는 좋은 기회가 된다. 잘 다룰 수 있다면 아주 축하할 만한 살아있는 감정이다.

사실 나는 질투의 화신이다. 내가 질투한 사람만 대충 헤아려 봐도 사열종대로 연병장 두 바퀴는 될 거다. 다만 영화 제목처럼 '질투는 나의 힘'이 되고자 할 뿐. 물론 아직은 잘하지 못하지만.

우리는 물과 기름처럼 달랐지만 다행히도 김현식과 조덕배의 노래를 틀어놓고 밤새 이야기할 수 있는 공통의 취향을 가지고 있었다. 물은 물대로, 기름은 기름대로 두고 김현식의 기일이면 같이 만나 술을 마셨다. 그리고 우리는 모두 여행을 좋아했다. 주말에 배낭 들고 지방 어딘가로 가는 것이 일상이었다. 일정을 준비하면 한 대로, 아니면 아닌 대로 그러려니 하고 다니면 되어서 뭘 굳이 결정하거나 선택하지 않아도 되어서 편했다. 수많은 풍파가 지나갔지만 서로에게 그러려니 하며 각자 어떤 선택을 하든 조언과 개입보다는 서로의 목격자로만 함께 하며 10년이 넘는 시간을 보냈다.

: 선택하지 않을 자유 :

흑산도에 가보는 것이 오랜 꿈이었다. 홍어를 좋아하니 홍어의 본산이라는 흑산도는 동경의 장소였다. 심지어 먼 곳의 섬이라니 얼마나 신비로운가. 일을 하는 동안 섬으로 여행을 가는 것은 부담스러웠다. 그래서 자꾸 미뤄졌다. 결국 어느 해 설 연휴를 골랐다. 명절에 홍어를 먹으러 흑산도에 가자는 제안에 선뜻 나설 만한 사람은 많지 않았다. 친구는 홍어를 그리 좋아하지 않는다. 하지만 흔쾌히 답했다.

"그럼요, 고향 가야죠."

내 고향, 네 고향 따져서 뭐할까. 어디든 누군가의 고향이다. 명절에 발길이 가면 거기가 고향이다. 목포에서 도초도와 비금도를 지나 흑산도 예리항에 도착하는 쾌속선을 탔다.

사실 흑산도행은 별다른 계획이 없이 이루어졌다. 동행한 친구는 동선과 교통편 등을 고려해 꼼꼼하게 계획을 잘 짜는 편이다. 나는 가면 다 어떻게든 된다고 생각하고 즉흥적으로 다닌다. 그런데 여행을 하도 많이 다니며 이제 귀찮아졌는지 이 녀석도 덜 꼼꼼해졌다. 더구나 느리게 흘러가는 흑산도는 계획을 세워 다니는 것과는 어울리지 않는다. 결과적으로 계획을 세우지 않길 잘했다. 어차피 모조리 틀어졌을 테니까.

흑산도에 와서 보니 인근에 다물도라는 곳이 있다. 이름이 참 예쁘다. 물이 많아서 다물도인지는 모르겠으나 한적한 섬에 가서 입 '다물고' 며칠 보내는 것도 좋을 것 같다. 식당이나 하나 있으려나. 기왕이면 딱 하나만 있었으면 좋겠다. 선택할 것 없는 것이 때로는 더 편하다. 알아보니 다물도에는 이장님이 운영하는 민박집이 딱 하나 있다고 했다. 선택의 여지없이 거기서 자고 선택의 여지없이 거기서 해주는 밥 먹고 지내면 되겠거

흑산도 예리항에 접안하기 직전의 풍경.
도착할 때만 해도 날씨가 좋았다.

니. 문득 수많은 선택의 기로에서 지쳤을 때 막다른 섬에서 선택하지 않을 자유를 누리는 것도 좋겠다는 생각이 든다. 전화를 하니 명절이라 육지에서 자녀들이 찾아와 객에게 내어줄 방이 없다고 하신다. 아쉬울 것 없다. 역시 내가 선택할 수 있는 것이 없으니 이것도 나름대로 속편하다.

흑산도에서 가장 번화한 예리항 근처로 갔다. 홍어의 제철인 겨울이니 홍어를 맛보기 좋은 계절에 이 섬을 찾았다. 그러나 설 명절이었다. 여기저기 기웃거려보지만 도통 문 연 곳이 보이지 않는다. 창문에 메뉴로 가리비와 전복이 씌어 있는 다방이 있어 키득거렸지만 이도 불이 꺼져 있고 정작 숙소로 삼을 만한 곳은 없었다.

항 전체에 문을 연 곳은 남도모텔 하나다. 명절에는 도민 대부분이 가족을 만나러 목포 등 육지로 나간다고 했다. 제대로 찾아왔구나. 하나라도 열어서 다행이 아니라 꼭 하나만 열어서 다행이다. 선택하지 않을 자유를 이렇게 만났다.

: 검도록 푸른 섬 :

흑산도는 파시波市로 유명했다. 물고기가 많이 잡혀 바다 위 선상에서 그대로 서는 장이다. 엄청난 양의 생선이 거래되니 항구 근처에는 선원이나 상인을 위한 주점, 숙박업소 등이 들어서 일시적인 파시촌이 생겼다. 마을 전체가 거대한 어시장 군락이 되어 섬 전체가 들썩이는 것이다. 흑산도에는 1~4월에 조기 파시, 2~5월에는 고래 파시, 6~10월에는 고등어 파시가 열렸다고 하니 이 섬만큼은 축제가 연중 이어졌던 셈이다.

파시에서 취급된 어종에는 흑산도의 과거와 현재가 담겨 있다. 가장 먼저 눈에 띄는 것은 고래 파시다. 울산, 포항 등 일부 경상도 지역에는 일제강점기에 건설된 포경 기지의 영향으로 고래 고기를 먹는 문화가 남아있다. 지금도

새끼맣게 몰려든 배에 가득 찬 펄떡이는 생선,
선상을 오가는 경매꾼들의 소리가 장관이었을 것 같다.

흑산도는 인근에서는 큰 섬이다.
마치 마을버스처럼 인근의 작은 섬들을
연결하는 통로가 되기도 한다.
사진은 다물도에 들어가는 작은 배인 엔젤호.

우리나라에서 고래 고기라 하면 울산 장생포가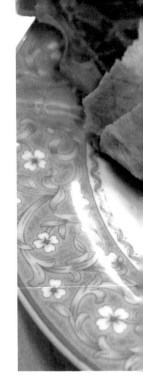
가장 먼저 떠오른다. 그러나 일제의 상업 포경
이 동해를 휩쓸어 점차 어획량이 줄어들자 조선
총독부는 전라도와 제주도까지 포경 기지를 확
장했고, 이후 흑산도는 장생포를 넘어 대표적인
고래 수탈의 전진 기지가 되었다. 몇 년 전 목포
의 오래된 주점인 '덕인집'에서 고래 고기를 취
급하는 것을 보고 전라도에서 웬 경상도 음식이
냐고 신기하게 생각한 적이 있었다. 그러나 한때
고래 고기는 전라도 음식이기도 했던 시절이 있
었던 것이다.

이제는 서해안 해역의 고래 개체수도 줄고,
상업 포경도 하지 않아 전라도에서 고래 고기를
먹는 문화는 찾아보기 힘들다. 흑산도의 고래 파시도 1960년대를 끝으로
사라졌다. 그렇지만 일제강점기 흑산도 주민들의 땀과 고래의 피, 배후
도시에서 이것을 즐긴 당시 일본인들의 음식 문화가 지금 목포 어딘가에
고래 고기 한 접시로 남아있었다.

2012년 즈음 목포 덕인주점에서 먹었던 밍크고래 고기.
지금은 포경이 불법이라 혼획된 것을 쓴다.

　　조기 파시는 제철인 1~4월에 주로 섰다고 한다. 일제에 의한 타의적
수탈 어업이었던 고래 파시와 달리 황금빛 풍어에 밝게 흥얼거리는 어부
들과 상인들의 콧노래가 들리는 것 같다. 그러나 모든 것에는 빛과 그림
자가 있는 법. 풍어와 파시의 성대한 축제 뒤에는 육지에서 이 검도록 푸
른 섬까지 팔려와 요릿집, 주점 등에서 일하던 여성들도 있었다. 팔려왔
든 사왔든 그녀들은 도무지 축제가 끝나지 않는 이 머나먼 섬에서 고향이

그리웠을 것이다. 1967년 이미자가 발표한 〈흑산도 아가씨〉라는 노래에는 이런 구절이 있다.

'못 견디게 그리운 아득한 저 육지를 바라보다 검게 타버린 검게 타버린 흑산도 아가씨. 한없이 외로운 달빛을 안고 흘러온 나그넨가 귀양살인가. 애타도록 보고픈 머나먼 그 서울을 그리다가 검게 타버린 검게 타버린 흑산도 아가씨.'

이후 알다시피 조류와 수온의 변화, 저인망 쌍끌이 어선의 싹쓸이 조업으로 참조기 어획량은 급감했고 이제 흑산도의 모든 파시는 사진으로만 만나볼 수 있다. 조기와 삶을 함께했던 수많은 사람들, 그들은 이 섬을 푸르게 기억할까, 혹은 검게 기억할까.

: 내보낼 수 있으나 들어오지 않는 것 :

숙소는 1층에서 홍어 도소매와 관광객 대상의 식당을 겸하고 있었다. 건물 곳곳에 홍어 냄새가 배어 있다. 건물 자체가 한 마리 거대한 참홍어 같다. 2층에 머물렀으니 위치가 홍어 위장 즈음에 있는가 싶다. 같은 주인장이 모텔에 손님을 받았으니 식당도 영업한다는 이야기. 그렇게 흑산도에서의 첫 홍어를 먹었다.

◎

홍어회는 독특한 향으로 인해 취향이 갈리는 대표적인 음식이지만, 삭히지 않은 생홍어는 그렇지 않다. 오히려 맛과 향 자체는 밋밋하다고 할 만큼 얌전하다. 그러면 이제 식감만 남는다. 발효되지 않은 홍어의 살점은 차지고 쫄깃하다. 삭힌 홍어를 즐기는 입맛에는 생홍어의 맛과 향이 심심

흑산도에서 만나는 생홍어.
우측 상단은 삭힌 것이다.

해 쉬이 물리기도 한다. 전통저으로 님도에서 홍어를 삭히는 방법은 짚을 이용하는 것이다. 그러나 연골어류인 홍어는 죽으면 피부로 요소가 배출되며 독특한 향취가 나는 것이기에 발효(삭힘)는 어떠한 방법을 쓰지 않아도 자연적으로 진행된다. 즉 발효되지 않은 생홍어는 의도적으로 삭히지 않는 것이 아니라 충분히 발효되기 전의 싱싱한 상태의 홍어회를 지칭할 따름이다.

삭힌 홍어로 유명한 도시로는 나주의 영산포가 있는데, 흑산도에서 잡은 홍어를 영산포까지만 운반해도 이미 발효가 되기에 이곳이 삭힌 홍어 문화의 시발점이 되었다고 한다. 생홍어는 지역적, 시간적 제한이 있는 음식인 셈이다. 요즘에는 운송 기술의 발달로 서울에서도 종종 생홍어를 만날 기회가 있지만 생홍어는 주로 산지에서만 만날 수 있는 것도 이 때문이다. 그곳이 바로 생홍어의 섬 흑산도다.

또한 홍어회는 잘라 놓으면 산지를 구별하기 어렵다. 보통 흑산도산을 최상위로 치고, 백령도 등 서해 북쪽의 것(국내산이라 표기하는 경우가 많다)이 그다음이고, 중국산, 칠레산, 아르헨티나산 등으로 이어진다. 산지에 따라 가격이 천차만별이니 손님들은 원산지를 속이지 않았을까 경계하는 경우가 많다. 그야말로 의심의 생선이다. 하지만 흑산도에서는 외부로 홍어가 나갈 수는 있으나 들어올 길은 없다. 흑산도에서 먹는 홍어는 모두 흑산도산 참홍어인 것이다. 의심을 거두고 발효되기 전의 홍어의 질감을 느끼는 것, 그것이 흑산도에서 홍어를 즐기는 방법이다. 비록 내 입에는 삭힌 것이 더 좋았지만 여기서는 여기의 것을 먹는 것이 즐거움이다.

: 섬을 지키는 청년 :

예리항 주변을 산책했다. 산책은 경치를 즐기는 방법이기도 하지만 식당을 탐색하는 의식과도 같다. 우리 모텔에 딸린 식당을 제외하고는 문을 연 곳이 딱 한 군데였다. 불 켜진 가게가 이렇게 반가울 수 없었다.

작은 소주방이지만 흑산도에서 잡히는 해물 위주다. 자연산 가리비와 새우가 각기 다른 단맛을 뿜낸다. 맛이야 자연이 주는 것이니 당연히 좋지만 불 켜진 공간이 주는 위안이라는 것이 있다. 외딴 섬에 우리만 있는 것이 아니라는 안도. 부족해야 비로소 보였다. 늘 사람들로 가득 찬 도시에서는 인파가 버겁고 귀찮지만 적막한 섬은 진짜 파도밖에 없으니 굳이 말을 섞지 않아도 사람을 보면 반갑다.

이튿날 저녁에도 그곳에
갔다. 그만큼 마음에 들었다
는 이야기기도 하고, 다음 날
에도 여전히 문 연 곳은 여기
하나뿐이었다는 말도 된다.
섬에서 보기 드물게 젊은 청년
두 명이 운영하는 곳이었다.

주인도 웬 젊은이 둘이
이틀 연속 가게에 오니 신기
했던 모양이다. 상대에 대한
관심, 자신의 의도, 환대를 압
축해 부드러운 음성으로 한
문장에 담았다.

"혹시 당구 칠 줄 아세요?"

말을 걸어줘서 고마웠
다. '소주 한잔 같이 하실래
요?' 이런 제안이었다면 차라

초밥집에서 내는 커다란 북해도산
가리비와는 다른 올망졸망한 맛.
익혀 놓으니 더 달았다.

부족해야 비로소 보인다.
푸짐한 횟집에서 곁들이 안주로 나왔으면 식을 때까지
거들떠보지도 않았겠지만 상차림이 단출해지니 따뜻하게 구워 온
새우의 맛이 새삼 더 진하다.

리 나왔을 텐데 나는 당구를 칠 줄 모른다. 살면서 "골프 치시죠? 같이 공
한번 치러 가시죠." 같은 이야기를 종종 듣는다. 안 친다고 하면 보통 도
대체 왜 골프를 치지 않느냐는 2차 질문이 들어오기에 대답이 귀찮을 뿐,
골프를 치지 못하는 것을 아쉬워하거나 후회한 적은 없었다. 그러나 그날
만큼은 당구를 치지 못하는 것이 아쉽고 미안하기까지 했다. 나는 먹고
마시고 걷는 것 말고는 어지간히 할 줄 아는 것이 없다. 평소 당구에는 전
혀 관심이 없었는데, 부족하니 보인다. 제한된 환경에서 조심스레 건네는
상대방의 환대가 보이고, 내 재주가 부족하니 마음은 그렇지 않은데 어설

프게 거절하는 내 모습이 보인다.

: 불안 :

구불구불한 길이지만 버스 운전기사는 눈 감고도 지형을 아는지 굽은 길에도 머뭇거림이 없다. 해설 따위 없는 공영 버스지만 경치에 무슨 해설이 필요할까.

흑산도를 일주하는 버스를 타고 상라산 정상에서 내려 걸었다. 차가 드문 섬의 길을 걷고, 문득 마주치는 바다를 한번 본다. 평범한 여행길의 모습이지만 돌아오면 이런 것들이 늘 그립다.

배낭기미 해변을 지나 예리항으로 돌아올 때까지 작은 민락이 몇 있었지만 식당은 전혀 없었다. 결국 숙소로 돌아올 수밖에 없었다. 산책하다 우연히 만나는 어촌 마을의 소박한 정식이나 백반을 기대했는데 배만 곯고 들어왔다. 우리에게 아침이니 전복죽이 어떻겠느냐는 주인아주머니가 괜스레 더 반가웠다. 나가서 어떤 경험을 하든 돌아와 쉴 수 있는 곳, 짧은 여행이지만 이 공간은 우리를 따뜻하게 보듬어주었다.

날이 흐렸지만 멋진 바다의 풍경.
멀리 나오니 서해도 남해 부럽지 않다.
날씨 탓이겠지만 저 멀리서 이곳을 보면
검게 보인다는 말이 이해가 될 것 같았다.

흑산도는 전복 양식도 많이 한다.
살짝 말린 전복으로 죽을 쒔는데 꼬들한 식감이 좋았다.

항으로 나가 배표를 알아보니 풍랑주의보라 배가 뜨지 않는다고 한다. 내일 배가 있을지도 미지수라고. 홍도니 장도니 다물도니 목포니 고민할 여지가 없다. 섬에서 배가 끊기는 것은 어쩌면 뻔한 설정이지만 갑자기 닥치면 충격이 크다. 선택하지 않을 자유보다 생존의 절박함이 더 큰 법. '서울 가자마자 당직 근무인데…. 못 가면 의국 선배들에게 또 무슨 욕을 먹을까.' 섬도 검게 타고 내 마음도 검게 탄다. 기운이 빠져 낮부터 잠을 잤다.

얼마나 잔 것인지 이튿날 완벽한 컨디션으로 일어났다. 이렇게 잠을 많이 자본 것이 얼마만인지 모르겠다. 이날부터 나는 흑산도를 건강과 회복의 섬으로 기억한다. 거짓말처럼 날씨가 맑았고 텅 빈 항구에는 드디어 어선들이 들어찬 모습이다.

불안이란 이런 것 같다. 터널 안에 있으면 눈앞의 어두움이 무섭지만 사실은 이 어둠이 끝나지 않을까 싶은 감정에 압도되어 더 무섭다. 세상에 끝이 없는 터널은 없지만 터널 안에서는 당장 우리 눈에 끝이 보이지 않기에 너무나 두렵다. 자전거 여행을 할 때도 그랬다. 굽이굽이 올라가는 언덕길. 한 굽이만 더 돌면 정상이고 달콤한 내리막길이 나오는데 정상에 도달하기 직전까지도 그걸 알 수가 없다. 거의 다 온 줄도 모르고 도로 내려가고 싶어지고 심지어 페이스를 잃는다. 배가 뜨면 뜨는 대로, 나중에 혼나면 혼나는 대로 어제의 시간은 그대로다. 불안은 미래를 겨냥하지만 정작 불안에 잠식당하는 것은 지금이기에 지나고 나면 덧없이 보낸 그 시간들에게 미안해진다.

햇살과 함께 그렇게도 기대하던 아침의 활기였다. 이 터널 끝 선샤인. 연휴는 아직 이틀이 남았지만 어찌 될지 몰라 일단 목포로 나가는 표를 끊었다. 그리고 흑산도의 마지막 식사를 위해 배에서 내린 선원들의 발걸

그날의 흑산 돼지

음을 따라갔다. 배가 들어오니 닫혀 있던 식당들도 문을 열었다.

◎

뱃사람들은 긴 항해를 하며 물고기가 지겨웠을 것이다. 그분들이 삼겹살을 드시는 것을 보고 따라 주문했다. 삼겹살의 선홍빛 육색이 신선한 홍어와도 닮았다. 그저 평범한 백반을 취급하는 식당이었는데 갈빗대 온전히 붙은 삼겹살에 비계와 살코기의 조화가 이리 좋다니. 섬에 고작 3일 있는데도 육고기가 당기는데 조업 나갔던 어부들은 이게 얼마나 꿀맛이었을까 생각하니 더 감동적이다. 흑돼지도 좋고 산돼지도 좋다지만 내 경험으로는 이날의 흑산 돼지가 최고였다.

　여기는 흑산도니까 백반집에도 역시 홍어가 있다. 이곳을 떠나기 전 다시 한 번 홍어를 먹었다. 산지에서 먹는 음식은 사실 이런 것이 재미다.

힘을 잔뜩 준 식당에 가지 않아도 밖에서는 귀한 음식을 수더분한 경로로 만나볼 수 있는 것.

　평범한 집이라고 무시할 것이 아니다. 이 섬에서 음식을 하는 분들은 홍어는 기본적으로 잘 다루시는지, 8킬로그램이 넘는 성체를 살짝만 숙성시켜 생홍어의 장점과 발효된 맛이 고루 담겨 있었다. 고급 홍어집의 것이 맛은 더 좋을 수도 있겠지만 삼겹살 굽는 와중에 받아든 2만 원짜리 흑산도산 홍어회에서 이 섬의 일상이 묻어난다. 돼지 수육을 곁들이는 것이 홍어 삼합이라는 틀을 깨고 구운 삼겹살에 홍어를 먹는 자연스러운 변주가 주는 현장감. 이것을 즐기는 것이 흑산도에서 홍어를 먹는 재미였다.

평범한 백반집에서 받아든 2만 원짜리 흑산도 홍어

목포로 돌아가 서울로 올라가는 기차를 탔다. 모든 여행이 그렇겠지만 전공의 시절에는 군 생활의 휴가 복귀에 비견될 만큼 여행이 끝나는 것이 너무나 힘들었다.

'하아… 당직.'

그런데 정작 아쉬웠던 것은 버킷 리스트 중 하나를 지워냈다는 것일지도 모른다. 언젠가 꼭 가보리라 다짐했던 흑산도였다. 숙제를 끝내고 나니 좋기도 하지만 막상 젊은 날의 어떤 한 페이지에 마침표를 꾹꾹 눌러 찍어버린 기분이었다. 성취감보다 아쉬움이 앞서니, 어쩌면 나는 버킷 리스트를 지워 나가는 것이 아니라 아껴서 가지고 있는 것이 어울리는 사람인지도 모르겠다. 하지만 무엇을 자신 있게 지워낼 수 있는지, 무엇을 아껴 놓을 수 있는지, 그래서 나는 무엇을 원하는지 모르기에 막연히 불안하다.

지금 이 순간에도 페이지는 넘어가고 있고 앞으로도 수많은 페이지가 남아있다는 것은 안다. 무언가를 달성하고 어딘가에 도달하기 위한 의지도 좋지만 그냥 넘어가는 대로 흘러가는 대로 내버려 둬도 페이지는 멈추지 않는다. 선택하지 않아도 적응을 해야 하고, 또 시간이 지나면 적응이 따라 오듯이.

03

취
향
과

입
맛

언제부터 홍어를 좋아했나 생각해보면 잘 기억이 나지 않는다. 외가나 친가 모두 전라도와 거리가 멀어 태생적으로 홍어를 접할 길은 없었다. 떠돌아다니며 먹는 와중에 홍어도 접했고, 점차 그 매력을 알게 되었던 것 같다. 역시 단박에 매력을 알기엔 어려운 음식이다. 경험으로 먹고, 긴가민가하며 조금은 오기로 먹는 시기를 거쳐야 한다. 그 시기에 홍어라는 음식에 눈이 뜨이고 그 음식을 통해 재밌는 일들이 생기면 비로소 내 취향의 음식이 된다. 어떤 음식을 만나고 또 좋아하는 과정은 어떻게 이루어질까.

: 취향에는 죄가 없다 :

처음 접하는 음식에는 기준이 필요하다. 어떤 것이 잘 만든 것이고 어떤 것이 별로인 것인지에 대한 기준이 있어야 음식에 대한 태도를 결정할 수 있다. 잘 만든 것이 어떤지, 못 만든 것이 어떤지를 구분할 수 있어야 더 경험할 힘이 생기고, 이후에는 그 음식에 대한 세부적인 취향도 생긴다. 일단 어떤 음식을 좋아하게 되면 지속적인 경험을 통해 취향이 깨지기도 바뀌기도 한다. 음식 취향이 바뀌었다고 반성이나 참회를 할 필요가 있는가. 깨지고 바뀌는 것 자체가 즐거움이니 입맛을 찾아가는 것은 꽤 역동적인 일이다.

입맛에서의 자기 기준은 경험을 통해 생긴다. '바질basil을 접해보지 못한 사람이 바질의 향을 설명할 수는 없다.' 여기서 경험은 먹는 행위를 말하지만 명명命名의 과정을 거쳐야 비로소 자기 경험이 완성된다.

그런 의미에서 맛을 느낀다는 것은 이름을 붙이는 것이다. 바질을 먹어본 '경험'이 있는 사람이 바질이 들어간 어떤 음식에서 바질 향을 '인식'해내고(이것은 예민한 감각의 영역이기도 하지만 동시에 경험이 많아야 쉽게 인식할 수 있다. 이른바 반복 학습의 힘이다), 과거에 경험한 바질 향의 기억을 '인출'해 이 향을 비로소 '바질 향'이라 명명한다. 이어서 다시 경험을 통해 축적된 자기 취향의 데이터베이스 안에서 비교하고 대조하는 과정을 통해 맛의 만족도에 대한 판단을 한다.

이를테면 '바질이 아니라 파슬리를 넣었으면 좋았겠는데? 지난번에 먹은 비슷한 종류의 음식보다 바질이 추가된 이 음식이 더 좋은데?' 혹은 '어제 만들어 먹으면서 조금 아쉬웠던 음식이 있었는데 거기에 바질을 넣었으면 좋았겠구나!'와 같은 판단이다. 이 판단은 미각이자 입맛이며 동시에 비평일 수도 있다. 경험이 없으면 이러한 판단의 과정이 아예 작동할 수 없기 때문에 먹어본 경험을 무시할 수 없다. 경험이 많다고 입맛이 훌륭한 것은 아니지만, 경험이 없는데 입맛이 훌륭한 경우는 없는 법이다.

하지만 경험은 타고나는 것이 아니라 축적되는 것이다. 많이 먹어보고, 모르면 물어보는 일을 즐기고 기록하면서 자기 입맛을 구체화하는 과정이다. 본인 취향에 바질 향이 나서 좋아도 되고, 싫어해도 된다. 스스로 느끼며 판단하면 충분하다. 날카로운 입맛도 없고 타고난 입맛도 없다. 남이 만들어줄 수 없는, 생각하며 먹는 경험을 통해 스스로 찾아야 하는 자기 입맛이 있을 뿐. 다양한 취향은 그대로 다 이유가 있다. 바질에서는 바질의 향이 날 뿐이고 당신은 그것을 좋아하거나 싫어할 따름이다. 모든 취향에는 죄가 없다.

◎

반대로 음식의 맛을 느끼는 데 있어 인지와 명명의 역할을 일부러 제거함으로써 감각에 대한 새로운 시각을 가질 수도 있다. 우리는 강력한 언어의 세계에 살고 있다. 인간은 인식한 대상에 이름을 붙이지 않으면 표현하거나 소통하지 못한다. 언어는 세계와 상호작용을 할 수 있는 훌륭한 도구지만, 다른 모든 감각을 압도할 수 있을 만큼 강력하다. 인지의 대상과 이를 표현하는 언어적 상징(단어)은 쌍을 이루지만, 문자적 내용에 사로잡히면 오히려 현재의 유연한 인식과 감각에 집중하지 못한다. 그래서 우리는 언어와 상징에 의해 내가 느끼는 맛의 감각이 지배당하지 않는 연습이 필요할 수도 있다. 이른바 '탈'언어를 통한 현재의 감각 인식이다.

　정신건강의학과 진료 현장에서는 종종 부정적인 인식에 사로잡힌 사람들에게 생각, 의미와 언어의 쌍을 탈융합하려는 시도를 하기도 한다. 거미를 무서워하는 사람은 거미라는 문자 자체로도 공포가 활성화된다. 실제의 거미가 아니라 단어만으로 공포를 느낀다면 과도한 불안 상태라고 볼 수 있다. 그러나 거미라는 문자는 'ㄱ, ㅓ, ㅁ, ㅣ'라는 기호의 조합일 뿐이다. 이때 큰 소리로 "거미거미거미거미거미거미"라고 30초간 빠르게 반복해 말해보면 이는 의미 없고 우스꽝스러운 소리 자극일 뿐이라고 느끼게 된다. 마치 탈수기를 빠르게 돌려 수건의 물기를 제거하듯이 문자 기호 자체에 자동적으로 결합된 감정 반응을 제거해보는 것이다. 모든 것이 암울하다는 인식에 과도하게 사로잡힌 사람은 같은 방식으로 "암울암울암아울아울아울아울"이라 외쳐볼 수도 있다. 하다 보면 이 역시 우스꽝스럽게 들린다. 어느 순간 뜻이 빠지고 소리만 남는 것이다. 문자적 해석의 착각을 빼면 말은 그저 말일 뿐이다.

: 음식의 맛 :

와인을 마셔본다. 경험이 많지 않은 사람은 지금 마시는 와인의 맛과 향을 어찌 표현할지 모른다. 물론 테이스팅 노트^{tasting note}를 보면 남들이 찾아 놓은 답이 있다. 체리, 젖은 흙냄새, 가죽, 버터, 오크, 은은한 미네랄 터치와 바닐라 향이 나는 와인… 어떻게 보면 와인을 배우는 것은 와인의 맛을 표현하는 언어를 배우는 것과 비슷하다. 표현할 방법을 몰랐던 이 향을 '젖은 흙냄새라고 하는 것이구나'라고 배우고, 남들이 느낀다고 하는 그 향을 나도 맡을 수 있는지 확인한다. 때로는 맛을 느끼는 것이 아니라 남과 똑같이 느끼는지 확인하고 안도하고 남들이 붙인 표현법을 나도 붙이고 있을 뿐인가 싶다.

나는 과연 이 와인의 맛을 알고 있는가. 나는 지금의 이 감각을 온전히 즐기고 있는가. 때로는 언어의 감옥에서 탈출해 현재의 내 감각 자체를 느껴보는 것은 어떨까. 도무지 와인에서 연필심 냄새를 발견하지 못하면 어떠한가. 어찌 표현하든 그 와인은 여전히 자기 특성을 고스란히 가지고 있으며, 그걸 마시는 나 역시 지금 있는 그대로의 나다.

모든 경험은 아는 만큼 보인다고 한다. 그래서 많이 알아야 많이 볼 수 있다. 하지만, 또 아는 것만, 딱 그만큼만 보일 수도 있다. 로마를 공부하고 간 여행자는 판테온은 기억할지라도 판테온 옆에 무엇이 있는지, 콜로세움 입구 좌측에 무엇이 있었는지 기억하지 못한다. 정작 일상에서의 우리는 판테온 건너편 왼쪽 두 번째 골목 모퉁이 네 번째 집쯤에 발 딛고 사는데 말이다. 때로는 아는 것, 모르는 것을 내려두고 그저 보이는 만큼 보면 어떨까. 지금의 나는 이것을 보고 있구나. 보이는가, 안 보이는가를 떠나 보고 있는 지금 나의 순간, 지금 내 감각에 비치는 대상 그 자체에 집중하면서. 내가 지금 어디에 있는지 발끝을 가만히 내려다보면서.

◎

와인이나 커피의 테이스팅 노트는 훌륭한 교과서임과 동시에 권위로 작동하기도 한다. 익숙하지 않은 음식을 만날 때의 기준은 자기 경험보다 권위에 기대는 경우가 많다. '유명 미식가가 인정했다, 유명 연예인이 자주 찾는다, 방송에서 소개가 되었다, 업력業力이 길다' 등은 모두 권위가 된다. 그 권위에 기대는 일은 이상한 일이기도 하고 아니기도 하다. 다만 처음의 기준일 뿐이다. 결국 자기 식생활을 통해 자기가 정해 나가야 할 일이다. 또한 편견도 이겨내야 한다. 익숙하지 않음에서 오는 편견, 유명 미식가가 혹평했기 때문에 나오는 편견, 업력이 짧거나 방송에 전혀 출연하지 못한 식당에 대한 편견 말이다.

　이건 내 식생활이다. 내가 늘 입는 옷과 같다. 벌거벗은 임금님은 처음에는 어리석은 사람에게는 보이지 않는다는 옷을 만든 거짓말쟁이 재봉사에게 속았다. 하지만 임금님은 결국 어리석어 보일까 하는 두려움에 속았으니, 말하자면 자기에게 속은 셈이다. 신하들도 어리석어 보일까 두려워 벌거벗은 임금님에게 찬사를 보냈다. 내 식생활은 내 혀로, 내 기준으로 하는 것이다. 내가 맛있으면 맛있는 것이고 아니면 아니다. 억지로 홍어를 먹고 인상을 찌푸리며 엄지손가락을 치켜세우지 않아도 된다. 남들이 맛있다고, 최신의 유행이라고 하는 음식을 찾아 뒤처지지 않음에 안도하지 않아도 된다. 하지만 우리는 아직도 종종 벌거벗은 임금님과 그 신하들이 된다.

꼭 음식뿐이랴. '권위, 편견 그리고 자신의 기준' 이 세 가지는 인간관계를 포함한 생활 전반에 삼각대처럼 균형을 맞추고 서 있다. 굳이 억지로 깨뜨릴 필요는 없다. 균형을 유지하되 권위의 다리, 편견의 다리가 어떻게 자신의 기준과 함께 자기를 지탱하고 있는지 음미해보면 될 일이다. 가만히 보면 음식을 만나는 것과 사람을 사귀는 것은 그냥 있는 그대로 두고 보면 된다는 점에서 닮아 있다.

04

보는 나,
보이는
나

봄비라고 하기에는 제법 대찬 빗발이 내리는 4월이었다. 아버지가 운전하는 자동차를 타고 가족들과 함께 어딘가로 떠나는 것이 얼마 만인가. 비록 비는 내리지만 오랜만의 가족 나들이다. 어색해서였을까. 소풍이지만 도통 말이 없다. 어머니는 내 손을 꼭 잡고 계셨고 나는 부러 시시콜콜한 예능 프로(〈쟁반노래방〉이었던 것 같다) 이야기를 했다. 부모님은 이날 일정이 당일치기였지만, 나에게는 26개월의 긴 여행이 시작된 날이었다. 차량이 멈춘 곳은 논산훈련소였다.

의연하려 했지만 겁이 났고, 시키는 대로 움직이다 보니 나는 어느 내무반에 앉아 있었다. 아마 비슷한 감정을 겪었을, 처음 보는 녀석도 내 옆자리에 있었다. 국가는 내게 전우를 배정해주었다. 4주 후, 국가의 규정에 따라 우리는 각기 다른 부대로 가면서 헤어졌다. 그러나 육군훈련소라는 공간은 강력한 동질감을 주기에, 4주라는 기간은 서로 친해지기 충분한 시간이었다. 우리는 나이도 달랐고, 살아온 환경과 걸어온 길이 달랐지만 친구가 될 수 있었다. 같은 훈련병이니까.

친구는 실제로 서울대생을 처음 봤다고 했다. 나도 너를 여기서 처음 봤다고 대답했다. 우리는 같은 날 입대한 훈련병일 뿐이니까.

내게 붙은 레테르를 가만히 생각해본다. 나는 이것을 떼고 싶은 걸까, 쥐고 싶은 걸까. 그때는 45번 훈련병이라는 딱지가 붙어 있었으니 그것을 빨리 떼고 싶은 것만큼은 확실했다. 레테르는 단적으로 타인에게 내가 어떻게 보이는가에 대한 것이다. 우리는 투명인간이 아니니 보이지 않을 수 없다. 모든 레테르를 떼어버리는 것이 가능하지도 않을뿐더러 목표가 될 것도 아니라는 말이다. 결국 어떻게 보이는가보다 중요한 것은 '보임' 자체를 아는 것이다.

: 여행과 관광 :

프랑스의 정신과의사이자 정신분석가인 자크 라캉Jacques Lacan은 『욕망이

론』을 통해 '보는 나'와 '보이는 나'의 구분에 대해 이야기했다. 라캉은 바라보기만 하는 나를 넘어 보임을 당하는 나도 있다는 것을 아는, 이른바 '주체의 객관화'가 이루어지지 못한 상태를 거울 단계mirror stage라 칭했다. 이 상태에서는 보임을 모르고 바라봄만 있는 상태이기에 타자 의식이 생길 수 없으며 나의 욕망과 타인의 욕망을 구분할 수 없다고 설명했다. 라캉에 따르면 사람들은 내가 보는 내 욕망이 아니라 타인에게 보이는 욕망, 사람들이 만들어 놓은 욕망을 추구하며 자신의 욕망을 타자의 욕망에 종속시키게 된다.

스스로가 진정 원하는 것을 욕망하지 못하고 타인이 원하는 것을 따라서 사는 것은 불행한 인생이다. 우리는 이것만 가지면 되겠다 싶은 것을 움켜잡아도 욕망은 또 저만큼 달아나니 만족감보다는 허탈이 앞선다. 사람은 욕망하지 않고 살 수 없으나 정작 채울 수가 없다. 내가 진심으로 바라는 욕망을 찾는 것, 채움이 허망한 것이 아니라 기쁨이 되는 것이 행복한 삶일 것이다.

여행길 한적한 농촌의 풍경을 보며 시간이 멈춰있는 곳이라 생각한 적이 있다. 이 얼마나 바라보는 나의 관점만을 드러낸 감상인가. 그곳의 사람들은 새벽같이 일어나 소 여물을 준비하고 밭에 나간다. 그들의 시간은 멈춰 있기는커녕 도시의 사람들보다 더 빠르게 흘러간다.

보는 나와 보이는 나의 구분은 여행과 관광의 차이와도 닮아 있다. 보는 나는 보는 주체로의 나를 말한다. '나 에펠탑 볼 거야. 나 야경 포인트에 가서 사진 꼭 찍을 거야.' 전형적인 관광객 시점이자, 주체로서의 자신에게 몰입한 모습이다. 관광객은 보는 나를 상징한다.

움베르토 에코는 자기 안에 있는 타자를 발견할 때 사람은 비로소 윤리를 얻는다고 말했다. 보이는 나를 안다는 것은 나조차도 누군가의 눈에 비치는 대상임을 인식하는 것이다. 그 장소에 있는 다른 여행객의 눈에는 나도 여행지 풍경의 일부일 뿐이다. 아무리 현지인처럼 보이려 노력해도, 현지인에게 우리는 이방인일 수밖에 없다. 종종 '관광객이 가득 찬 곳은 싫어. 현지인이 가는 곳을 갈 거야. 이런 게 진짜 여행이지'라고 생각하기도 한다. 하지만 같은 생각을 하는 누군가에게는 그런 곳을 찾아 헤매는 나도 현지 분위기를 해치는 관광객일 수 있다.

여행과 관광은 일정이 끝난 후에 남는 감정도 사뭇 다르다. 무언가를 못 보고 돌아와 아쉬운 것이 관광이라면, 아무리 그곳에 잘 녹아 있으려 했더라도 결국 나는 돌아와야 하는 존재임을 아는 것이 여행이다. 그 공간에서의 내 정체성은 결국 이방인이었다는 것을 통감하는 것에서 오는 미묘한 감정. 이것이 바로 여행의 여독이다. 그래서 여행과 관광의 차이는 시공간을 대하는 태도에서 오는 것 같다. 나도 누군가의 풍경이 될 수 있다는 생각, 그 풍경에 대한 존중을 바탕으로 잘 묻어 있으면서 잘 경험해보는 조심스러움이 여행의 윤리가 아닐까 생각해본다.

그런 면에서 자유롭게 내 의지로 무언가를 마음대로 체험하는 것에 치중하는 것은 오히려 여행이 아니라 관광일 수도 있다. 여행과 관광은 우열의 관계는 아니다. 때로는 보는 나도 필요하고, 관광도 소중하다. 다만 아무도 모르는 곳에 무계획으로 혼자 가도 관광만 할 수 있고, 패키지 상품으로 가도 여행을 할 수 있는 것처럼, 두 가지 모드를 자유자재로 오갈 수 있다면 진정 풍성한 여정이 되지 않을까 싶다.

⠿ **물과 고기** ⠿

훈련소에서 친해진 친구와는 이후 편지로 소식을 주고받았고, 전역한 이후 전주 여행길에서도 만났다. 개인적으로 전주라는 도시의 매력을 잘 느끼지 못하지만, 이어서 전라도로 여행을 할 계획이라면 거점으로 삼기 좋은 위치다. 큰 도시라 숙소도 많고 밤늦게 도착해도 끼니를 채울 식당이 있다. 전주에 좋은 음식이 많다지만 퇴근 후 밤늦게 도착해 내가 주로 가는 곳은 돼지 불고기집이다. 석쇠에 적당히 구워낸 돼지 불고기에 김밥을 판다. 이게 무슨 조합인가 싶지만 밥과 술을 겸한다고 보면 이런 조화도 없다. 아직 배고픈 객, 적당히 술자리의 마지막 차가 필요한 객, 저렴하게 한잔 삼키고픈 객들이 여기저기 앉아 상추에 불 내음 얹은 고기 한 점, 김밥 하나 올려 야무지게 쌈을 싸 삼킨다.

훈련소에서 만난 친구지만 알고 지낸 세월이 벌써 10년이 다 되어 가던 시점이다. 집을 떠나 타지에서 만난 반가운 친구와 이 이상 어떤 맛이 더 필요할까. 소주 한잔 나누고 붉은 양념처럼 불콰해져 잠을 청했다.

이튿날 임실로 갔다. 굉장히 한적한 동네다.

"여기 내려와서 살면 어떻게 될까?" 친구에게 물었다.

"니? 다슬기 잡다가 막걸리 한잔하고, 국수 묵고 막걸리 한잔 하고, 평상에 디비 누워 낮잠 자다가 닭 잡아가 소주 한잔 하겠지."

친구에게 보이는 내 모습을 통해 나를 한 번 더 바라본다. 욕심 많은 내가 그리 유유자적 살 수 있을까. 의과대학과 의학전문대학원의 분위기는 그 누구라도 다 경쟁적으로 만들지만 나는 더 경쟁에 몰입해 있었다.

내가 하는 행동과 언어는 그 안에서의 평판을 의식하지 않은 것이 없었고 지망하는 과의 선배들에게 잘 보이고 싶은 생각, 잘 나가고 유망하다고 하는 과에 들어가기 위한 성적에 신경을 쓰면서 지냈다. 레테르와 속셈만 있고 본심은 없었다. 내 생각을 하느라 그때는 친구가 한 대답의 진짜 의미를 몰랐다.

◎

임실군 강진버스터미널 근처에는 국수집이 몇 모여 있다. 물국수, 다슬기국수 따위에 막걸리를 파는 곳이다. 자리에 앉으니 기본으로 머릿고기를 낸다. 메뉴판을 아무리 살펴봐도 고기가 들어가는 음식은 없다. '이 고기는 왜 있는 걸까.' 아마 국수도 시키지 않고 하루 일과인 듯 들러 탁배기 한잔 털어놓고 일어나는 김 씨도 있을 것이다. 툭하면 와서 끼니로 국수만 먹고 가는 박 씨도 있을 것이다. 그들에게 이 고기는 얼마나 따뜻한 배려인가. 이방인으로서의 여행자는 맛에 환호하지만, 늘 여기를 드나드는 사람들에게 이 고기는 맛 이상의 의미일 것 같다.

차갑게 눌러 식힌 머릿고기에 있지도 않은 온기마저 느껴진다. 심지

평범한 돼지불고기와
평범한 김밥이 만났는데 잘 어울린다.
평범함끼리 조합을 이뤘을 때
어떤 힘을 내는지 느낄 수 있어서 좋아하는 음식이다.

어 맛있다. 고기가 너무 맛있어 주뼛대며 추가금을 낼 터이니 더 먹을 수 있는지 여쭈었다. 주인 할머니는 "이기에 돈을 낸다꼬? 시방 먼 소리여!" 세상 어이없다는 표정으로 한 접시를 더 주신다. 그렇다. 여기서 이 고기는 여느 식당에서 기본으로 내는 김치나 물과 같은 것이다. 물과 같은 마음으로 물을 주듯 내어주는 고깃점. '고기'라는 단어가 주는 금전과 단백질의 기운을 빼고 봐야 비로소 주인장의 마음씨 맛이 더 잘 느껴진다.

임실은 백양국수라는 좋은 자연건조 국수를 만드는 동네다. 약간 굵고 탄력이 있다. 거기에 잘 뽑은 멸치 육수를 붓고 호박 고명을 얹었다.

물국수. 물국수. 이름을 가만히 되뇌어본다.

꽤나 헐렁하고 잔뜩 비어 있는 이름이다. 먹으면 9분 만에 배가 꺼질 것 같다. 고명이 잔잔하니 잔치국수라는 거창한 이름을 붙이기엔 모자라 보여도 진한 국물 덕에 물국수라는 이름에 비해서는 꽉 찬 맛이다. 간결하지만 깊이 채운 맛, 슬쩍 어딘가 비어 있는 것 같지만 넘치지 않게 곱게 채운 음식에 살포시 붙인 겸손한 이름, 물국수. 이 집은 고기를 물처럼 내고 정작 물(국수)은 고기처럼 낸다. 비운 것을 채우고 과한 것을 비워가며 손님들을 채워주는 이 집만의 방식이자 태도가 밑반찬부터 국수에 고스란히 들어차 있다.

　이 주인장처럼 고기를 물과 같이 내줄 수 있을까. 나는 비어 있는 듯 꽉 차 있는 이 물국수 같은 사람이 될 수 있을까.

: 구판장의 소크라테스 :

한여름의 지리산 자락은 엄청나게 더웠다. 오후 네 시쯤 구례 산수유 마을 입구 어귀의 어느 구판장에 도착했다. 소주니 세제니 과자 따위의 간단

국수를 대접에 꽉 채워낸다.
단출한 음식답게 고명은 비어 보이지만 국물의 깊이는 꽉 채운 맛이다.

한 잡화를 파는 동네 점방이다. 작고 한적한 마을이라 주민들에게는 이 작은 가게도 소중할 것이다. 허나 이 가게가 거주민에게만 소중한 곳은 아니다. 바로 닭을 잡아 튀겨 주기 때문이다. 식당 하나 찾아보기 힘든 동네 어귀에 닭튀김을 파는 곳은 주민들에게도 이방인에게도 소중하고 또 귀하다.

조심히 들어가 여쭈었다. "통닭 한 마리 됩니까?" 기다리라고 한다. 옳다구나 싶었다. 여기는 통닭을 주문하면 그때 키우던 닭을 잡아 손질해 튀겨내는 곳이라고 들었다. 역시 듣던 대로다. 그런데 할아버지가 밭에 가셨으니 돌아오시려면 오래 걸린단다. 그 누가 이들의 삶의 박자를 침범할 수 있으리오. 넉넉히 두 시간 후에나 오라는 말씀. 가게 밖으로 나오니 너무나 덥다.

주문하면 그때 닭을 잡고, 털을 뽑고, 닭을 주물러 부드럽게 하고 계란을 슬쩍 입혀 튀겨내니 그야말로 슬로우푸드 통닭이다. 식사는 이 과정이 주는 맛을 눈으로 입으로 확인하는 것에 불과할 것이다. 늘 하던 대로 자기들이 믿는 기본대로 묵묵히 만드는 요리니 그저 당연한 맛이다.

확인 과정은 간단하다. 눈으로도 다 보인다. 뛰어논 닭이라 떡진 지방이 없고 껍질이 생생하다. 기술은 사치요, 육질의 맛.

과연 이 통닭이 살아있는 닭을 바로 튀겨서 맛있는 것인가, 닭 자체

두 시간을 기다려 받은 통닭

가 달라서 맛있는 것인가, 튀기는 방식 때문에 맛있는 것인가 궁금했다. 난 기술적인 대답을 들을 요량이었다.

"이 통닭 왜 이렇게 맛있어요?"

"우리는 뽄심으로 만드니까. 한결같은 마음으로 만들어 파니까 맛있지."

우문에 현답이다. 사실 같은 대답을 다른 사람이 했으면 굉장히 오글거리는 대답일 수도 있다. 늘 하던 방식대로 자기 박자를 지키며 사는 사람만이 낼 수 있는 답. 자신 있게 한결 같은 마음으로 삶을 살아내고 있다고 말할 수 있는 사람은 그 자체로 장인이다.

좋은 닭을 쓰는 것도 본심本心, 주문 즉시 닭을 잡아야 맛있겠다는 생각도 본심, 얌전히 튀기는 것도 본심이다. 기술이나 대단한 정성에서 나오는 본심이 아니다. 그저 근본을 묵묵히 지키는 마음. 어디 닭튀김에만 통하는 이야기겠는가. 본심대로 생활을 하고 사람을 대하고 있는가 생각하니 새삼 물 같은 카스 맥주도 독하고 쓰게 느껴졌다.

◎

소크라테스가 했던 말로 널리 알려진 '너 자신을 알라'라는 격언이 있다.

실제로는 고대 그리스 델파이 신전에 씌어 있는 문구라고 한다. '내가 모른다는 것 자체를 안다'라는 '무지無知의 지知'의 개념은 자기의 생각에 대한 생각 혹은 자신의 생각에 대해 판단하는 능력을 말하는 메타인지meta-cognition로 이어진다. 자신의 생각을 마치 다른 사람이 된 듯 점검하고 무엇을 알고 모르는지를 판단하는 것이 메타인지의 개념이니 이 또한 '생각하는 나'와 '나 자신을 판단할 수 있는 나'를 구분하는 것에서 시작한다.

자신이 아는 것과 모르는 것을 객관적으로 구분하는 메타 인지 능력은 모르는 것을 알고자 함으로써 인간이 발전할 수 있는 기반이 된다. 그런데 안다는 것은 무엇일까. 지식은 머리로 습득하면 안다고 할 수 있지만, 때로는 수영처럼 몸으로 체득해야만 아는 것도 있다. 어떤 이가 수영을 할 줄 '아는가' 보려면 물속에서 발을 몇 번 차고 팔을 어떻게 휘저어야 앞으로 나가는지 질문할 것이 아니라 물속에 빠뜨려 보면 될 일이다.

'본심으로 한결같이 살고 있지 않는 너 자신을 알라.'

머리로만 아는 것은 아는 것이 아니니 삶으로 증명해 반드시 알아내라는 당부, 꼭 본심으로 살라는 준엄한 명령으로 들린다.

아, 무서운 테스형….

: 청춘의 덫 :

전역 이후 고향인 경주에 살던 친구는 제빵사 자격증을 땄다. 서울에서
일하다 당시 빵집 사장님의 제안으로 워킹 홀리데이 비자를 받아 호주로
넘어가 새벽부터 빵을 만들었다. 해외에서는 한국 사람을 더 조심하라고
했던가. 친구와 고기 구워 먹겠다고 마트에서 장을 보고 있던 어느 날 저
녁이었다. 국제 전화가 왔다. 이역만리 타지에서 울먹이는 목소리로 내가
다시 빵을 하겠다고 하면 꼭 말려 달라고. 싸대기를 쳐서라도 말려 달라
고. 싸대기를 후리는 상상을 하며 꼭 그리 해주겠노라고 대답했다. 걱정
하지 말라고. 그건 자신 있으니까.

　호주의 빵집에서 고생만 하던 녀석은 남은 워킹 홀리데이 기간 동안
뜬금없이 포도 농장에서 머물다 귀국해 고향의 돼지국밥집에서 일했다.
경주에 가면 친구가 말아주는 국밥이 그리 구수할 수 없었다. 친구는 내
게 종종 동영상을 보내왔다.

　"마이 늘었제?"

　밀가루 반죽만 하던 녀석이 칼 솜씨가 꽤나 늘었다. 영상까지 찍어가
며 연습을 한 모양이다. 우다다다다 양파 자르는 소리에 내 기분까지

매콤해지곤 했다. 일하는 모습에 친구의 본심이 묻어났다. 당시는 몰랐지만 그해 여름, 구례의 구판장에는 세 명의 소크라테스가 있었다. 주인장 내외 그리고 친구였다.

"아무래도 나 다시 빵 해야겠다. 서울에는 천연발효종 유럽 식사빵을 만드는 곳이 많다는데 나도 그거 배워 봐야겠다. 송충이가 솔잎 먹어야지 않긋나?"

당시 친구는 사장님께 열심히 일하는 모습을 인정받아 곧 오픈할 돼지국밥집 분점의 점장이 될 예정이었다. 난 비로소 그에게 똑똑하고 현실적인 서울내기 형이 되었다. 열을 내며 호통을 쳤다. '제발 안정적인 것을 택하라. 세상에 이름난 실력자들이 이미 득시글득시글한데 네가 이제 와서 천연발효종 빵 배워서 뭐하냐. 도대체 누가 알아주느냐. 정신을 좀 차리라.'

하지만 때로 조언이라는 것은 남의 인생에 내 인생, 내 욕망, 내 기준을 덧씌우려는 시도일 뿐이다. 안정적인 일을 택해 성공하고 싶은 것은 사실 내 욕망이다. 마음의 소리에 귀 기울여 자신의 본심을 확인하고 그대로 행동하려는 친구에게 내 욕망을 투영해 드러내는 것이 과연 조언일까. 호통의 대상은 친구였지만 호통 안에는 결국 내가 있었다. 그때는 그걸 몰랐다.

조언이 넘쳐나는 세상이다. 바꿔 말하면 개입이 넘쳐난다. 각자의 욕망이 여기저기 투영되어 멘토라는 이름으로, 힐링이라는 이름으로, 자기계발이라는 이름으로 날아다니며 여기저기 꽂힌다. 이소룡의 〈용쟁호투〉(1973)라는 영화에는 다양한 각도의 거울로 가득한 방에서의 격투신이 등장한다. 거울은 나를 비추기도, 상대방을 비추기도 하지만 각도에 따라서는 나를 숨길 수도 있다. 지금 정면에서 똑바로 나를 비추는 거울은 무엇인가. 그 거울에 비친 것은 정말 나인가.

친구 사이는 각자의 인생을 살며 그의 인생 옆에 내 인생을 가만히 대고 있으면 그만이다. 내가 그 곁에 있어주는 것이 아니라 그저 있는 것이다. 그 누구도 나에게 곁에 머물러 달라 부탁하지 않았고, 나도 그들에게 부탁하지 않았다. 조언과 개입보다는 내 삶을 가만히 네 삶 옆에 주차해놓는 것, 그뿐이다.

그래서 이 송충이를 때릴 수는 없었다. 싸대기 대신 집 열쇠를 내줬다. 친구는 몇 달간 주말마다 서울에 올라와 회기동의 내 작은 자취방에서 함께 지내며 크루아상이니 바게트니 사워도우니 하는 프랑스빵을 더 배웠다.

여행을 마무리하기 딱 좋은 간판이었다.

: 비움과 채움 :

마지막 저녁을 위해 구례 읍내의 식당을 찾았다. 친절하고 손맛 좋기로 소문난 식당으로, 구례의 이름난 식당 가운데 하나였다. 신기하게도 이 식당은 돼지족탕을 맑게 끓여낸다. 근처에는 소내장탕을 말갛게 끓여내는 식당도 있다. 으레 잡내를 가리고자 시뻘겋게 화장해 내는 음식을 민낯 그대로 보여주는 것, 그것을 그대로 마주하는 것은 짜릿한 일이다. 우리도 여기 민낯으로 마주 앉았다.

"난 네가 솔직히 부럽다."

돼지 족을 뜯던 친구가 번들거리는 입술로 말했다.

"넌 의사가 될 거니까, 돈 벌어서 임실에서 다슬기 잡다가 막걸리 한잔 하고, 낮잠 디비 자다가 막걸리 한잔 하고 그렇게 편하게 살 수도 있잖아."

내가 보는 나의 모습과 타인이 보는 나의 모습은 종종 다르다. 내가 타인에게 해줄 수 있는 것은 때로는 내가 의식하지 않은 곳에서 나온다. 내가 타인에게 상처를 주는 것 또한 내가 의식하지 않은 것에서 나오듯이. 나는 여행길에서는 유유자적 여유 있는 마음을 가진 척했지만 삶에서는 늘 쫓기는 마음이었다. 학부 때도, 대학원 때도, 의학전문대학원에서도 경쟁 속에서 살며 점점 내 욕심이 커져가는 것이 보였다. 1등을 향해, 합격을 향해, 원하는 과에 들어가기 위해 이어지는 경쟁의 파도에 저항하기는커녕 삼켜지고 있었다. 아니 내가 움켜쥐고 있었다. 천천히 시골을 부유하는 내 여행은 욕심을 다스리기 위한 방편, 혹은 나에게 속셈이 아닌 진심도 있다고 스스로에게 주장하는 여정이었을지도 모른다. 그러나 길에서 만난 현자들이 보여준 지혜에도 불구하고 난 그 가르침을 그저 여행의 추억으로 소비하기 바빴다.

　채우는 것과 비우는 것은 늘 어렵다. 우리는 욕심을 비워야 한다는 말을 많이 하지만, 그것도 무언가를 채우기 위해 비우는 것이지, 그저 비운 채로 두고 보기 위함은 아닐 때가 많다. 비운 채로 살 수 있다면 존경받을 만한 성자나 도인이 되겠지만 우리 모두가 도인이 될 수야 있겠는가. 아니 꼭 그럴 필요가 있겠는가. 우리는 비워야 한다는 성인들의 말 중 일부만 선택적으로 흡수해, 채우기 위해서 비운다. 흡수하는 것도 나에게 채우는 것이니 메시지를 채워서 마음을 비운 후 또 욕심을 채우는 과정이다. 이 과정의 반복을 나도 몰랐던 내 마음의 원리와 무의식의 관점에서 통시적通時的으로 살펴보면 내 욕심과 비움이 어떤 리듬으로 작동해 왔는지, 어떻게 채움과 비움의 급격한 박자 전환에 대처해 왔는지, 도무지 비우지 못한 채 몇십 년 동안 고여 있는 것이 무엇인지, 내가 채우고자 갈망해왔던 것이 무엇이었는지를 알아차리게 된다. 이는 자기 인생에 대한 고찰이나 일종의 정신분석psychoanalysis에 다름 아닐 것이다.

비운다는 것은 그 자체로도 목적이 된다. 채우든 비우든 어떤 목적 지향적 성취를 향해 나아간다는 점에서는 근원적으로 그 둘은 같아 보인다. 자석의 N극과 S극은 반대지만 서로 들러붙고, 오직 한 가지 극성만 가진 자석은 없듯이, 반대되는 것이 공존해 있는 지금의 상태 자체를 인정하고 관찰하는 것이 채움과 비움의 시작이다.

인정과 관찰은 지금 현재 이루어진다. 그래서 비움과 채움에 대한 공시적共時的 관점은 심리학, 정신과학에서 이야기하는 마음챙김mindfulness과 연결될 수 있다. 마음챙김은 지금 이 순간에 대한 어떤 판단 없이 현재의 순간에 주의를 기울이며 자신의 상태를 관찰하고 수용하는 것을 말한다. 채우지 못한 것에 대한 아쉬움과 비우지 못한 것에 대한 후회 없이 자신을 관찰하는 것은 쉬운 일이 아니다. 자기에 대해 1분만 생각해봐도 판단하지 않고 바라보는 것이 어렵다는 것은 쉽게 경험할 수 있다. (더 쉽게 이해하려면 당장 남편이나 아내를 떠올려 보도록 하자.) 생각에 '주의'를 기울이다 보면 자연스레 판단(심지어 나도 모르는 사이에 왜곡이 덕지덕지 붙은)이 생긴다. 그걸 멈춰

세우는 또 다른 '주의'attention는 자기 수용을 위한 브레이크 역할이다. 판단하는 나와 그걸 멈춰 세우는 나 사이에서 비로소 '알아차리게 된 나'가 탄생한다. 이는 내가 어떻게 생각하고 행동하고 왜곡하는지 바라보는 나이기도 하고, 이를 통해 확인되고 스스로에게 관찰되어 수용된 나이기도 하다. 이 감각은 바로 나의 분리에서 시작한다.

도대체 비우라는 것이냐, 채우라는 것이냐. 날더러 어쩌라는 것이냐. 답은 간단하다. 다만 방법이 아주 쉽지는 않다. 하지만 어려운 것과 불가능한 것은 다르기에 희망은 있다. 나를 관찰하고 수용하며 채워야 할 때 채우고, 비워야 할 때 비우면 된다. 비워야만 할 것은 비우고 채워야만 할 것을 채워야 한다.

◎

빵을 다시 시작하기는 했는데 늘 고단하다는 친구.

'언제 빚을 갚고 언제 내 빵을 사람들에게 보여줄 수 있을까.'

'정우야, 나 여자 친구 사귈 수 있을까, 결혼은 할 수 있을까.'

더운 여름 허름한 식당의 평상에 앉아 펼쳐놓은 청춘의 숙제다. 그렇다. 결국 사내아이들이 나누는 모든 의문의 종착역은 '나 여자 친구 사귈 수 있을까?'인 것이다. 친구는 눈물을 터뜨렸다. 친구가 나에게 열어놓은 온갖 삶의 숙제를 나도 가만히 풀어본다. 과연 나는? 나는 어떻게 살아야 할까. 어떻게 살 수 있을까.

나는 그 답을 알지 못했고, 지금도 모른다. 이 무거운 짐을 나는 대신 들어줄 수 없다. 다만 이 숙제가 너에게만, 그리고 나에게만 주어진 것이 아니라는 것은 알고 있다. 불안한 마음으로 나도 모르게 꼭 쥐고 있었던 주먹을 펴고 소주병을 잡아 친구에게 한잔 따라준다.

05

충분히 좋은

Just the way you are

진료실에서 만난 한 여성은 어쨌거나 당찬 여성이었다. 어린 시절부터 지속적으로 우울했다고 하지만 그녀 삶의 한편은 노력으로 가득 차 있었다. 우울하고 피곤해 마음을 가눌 수 없을 때도 거래처에서 전화가 오면 밝고 힘찬 목소리로 전화를 받았다. 그러나 이내 가면을 쓴 자신의 모습을 발견하고는 일할 때와 가족을 대할 때, 친구를 대할 때의 자기 모습이 다른 것 같다고 말했다. 그리고 진짜 자기의 모습이 무엇인지 모르겠다며, 이제 껍데기만 남아버린 것 같다고 읊조리고는 슬픈 표정을 지었다.

참된 자기를 찾는 것은 누구에게나 의미 있는 일이다. 영국의 대상관계 정신분석가 도널드 위니코트Donald Winnicott는 참 자기true self와 거짓 자기

false self의 개념에 대해 소개하며, 생물학적으로 내재된 내적 중심을 참 자기로, 타인의 욕구나 사회적 규범 등에 순응하는 자기를 거짓 자기라고 명명했다. 과도하게 발달된 거짓 자기는 참 자기를 억압해 지나친 자기희생이나 체면치레에 치중하는 것처럼, 내면의 즐거움과 생동감을 느끼기 어려운 삶을 살게 만든다.

위니코트는 양육 단계에서 적절한 돌봄과 수용 없이 아이를 보호자의 욕구에 맞추도록 과도하게 강요하거나, 양육자가 울음과 같은 아이의 일차적 표현에 대해 부정적으로만 반응하면, 아이가 타인(일차적으로 엄마)이 바라는 모습만을 보여주게 되며 과도한 거짓 자기가 내면에 자리잡게 된다고 설명했다. 그러면서 아이에게 적절히 반응해주는 '충분히 좋은 엄마good enough mother'의 역할을 강조했다.

거짓 자기는 이름이 주는 느낌과 달리 잘못된 것만은 아니다. 거짓 자기는 때로는 적응적 자기로 작동해 갈등을 해소하고 양심을 강화하며 사회에 적응하는 역할을 한다. 체면만 생각하고 산다면 불행한 삶이겠지만, 체면이나 눈치 없이 사는 것 또한 답답한 인생일 것이다.

우리는 건강한 거짓 자기가 사회적으로 주어진 역할을 잘 수행하며, 거짓 자기를 통해 보호된 참된 자기가 진정으로 살아있다는 생생한 감정을 느낄 수 있는 삶을 꿈꾼다. 참과 거짓은 반대의 개념처럼 보이지만 실은 상호보완적이다. 우리의 목표는 거짓 자기를 박살내는 것이 아니라 참 자기와 거짓 자기의 균형을 맞추는 것이다.

적절히 수용 받은 경험이 충분하지 못해 거짓 자기에 압도된 그 여성은 현재 자신의 모습 대부분을 공허하게 느끼고 있었다. 참 자기를 찾는 과정은 자기에 대한 수용과 수용되는 경험이 먼저다. 비록 지금은 껍데기처럼 느껴지는 자기에 불과하더라도.

나는 그녀에게 자동차에 관한 질문을 했다. 과격한 엔진소리를 강조한 스포츠 주행 모드와 정숙하고 안락한 주행 모드, 연비 절감 모드를 갖춘 자동차의 진짜 모습은 무엇일 것 같으냐고.

나는 자동차에서 이런 다양한 모드를 모두 삭제하면 비로소 그 차의 원래 모습이 나오는 것이 아니라, 세 가지 모드가 가능한 현재 상태 자체가 그 차의 진짜 모습일 것 같다고 말했다. 그리고 내 생각에 그것은 충분히 괜찮은 자동차인 것 같다는 말과 함께.

: 천국의 입구 :

정태춘의 노래에는 지리적 현장감이 있어서 좋다. 〈92년 장마, 종로에서〉에 등장하는 세종로에 있었던 웬디스 햄버거가 그러하고, 〈서울역 이씨〉에서의 서울역 신관 유리 건물, 〈연남, 봄날〉의 철길 공원길이 그렇다. 지리에 대한 담담한 묘사를 통해 노래에 등장하는 인물들의 감정을 보다 생생하게 전달한다. 정태춘의 노래인 〈오토바이 김씨〉에는 이런 구절이 있다.

'선릉, 삼성역을 지나, 어두운 터널을 길게 지나 올림픽공원역으로 몰려가는 사람들. 문정동 로데오를 들러 뒷구정에서 닭갈비를 먹고 신천역에서 지하철을 타는 어린 연인들에게. 이봐, 너흰 청담, 압구정으로 가 보거라, 거기 천국 입구로 가 보거라. 행여 경륜장으로는 따라오지 말고…. 아저씨, 우린 돈이 없어요…. 음, 음'

말마따나 맛있는 음식을 찾으려면 압구정과 청담동으로 가야 한다. 거기 천국 입구로 가야 한다. 양식이라면 더욱 그렇다. '아시아 베스트 레스토랑 50 어워드'에 선정된 식당, 미슐랭 가이드의 별이 수두룩한 별천지다. 우리는 이곳에서 당대 미식의 최첨단을 만날 수 있다.

어쩌면 우리는 그간 정체불명의 음식을 원형인 줄 알고 먹어왔다. 하지만 이제는 어지간히 음식에 관심이 없는 사람이 아니라면 까르보나라가 베이컨이 들어간 크림 범벅의 파스타가 아니라 계란 노른자와 후추, 관찰레guanchiale로 맛을 내는 파스타라는 것을 안다. 심지어 서울에 미식 열풍이 불기 시작한 불과 10여 년 전만 해도 우리는 해외의 유명 조리학교 출신이라는 것만으로, 해외 유명 레스토랑 출신이라는 경력만으로도 스타 셰프가 되는 기현상을 목격한 바 있다. 지금은 작품으로 증명하지 못하는 요리사는 이 도시에서 살아남을 수 없다.

실력과 내실을 갖춘 요리사들의 노력과 해외 현지의 음식을 다양하게 섭렵한 손님들의 경험이 만나 서울에서 맛볼 수 있는 음식의 국적은 다양해졌다. 점차 현지의 재료와 조리 방식을 제대로 구현해 '한국화라는 이름 뒤에 숨지 않고도 잘 만든' 외국 음식을 접할 수 있게 되었다. 특히 이탈리안 레스토랑과 베이커리 쪽 분야에서 상향 평준화가 두드러졌고 쌀국수 프랜차이즈 체인이 대부분이었던 동남아 음식은 서울 미식의 한 축으로 성장할 만큼 도시의 먹거리가 다양해졌다. 이러한 흐름 속에 이른바 '모던 한식'도 등장하는데, 그 시초는 외국의 조리 기법을 차용한 한식이었다. 이 흐름은 막걸리의 유행과 함께 가볍고 깔끔한 한식 안주를 내는 한식 주점으로 외연을 넓혔고, 유명 호텔들에서도 프랑스 음식이 아닌 한식을 전면에 내세우며 정점을 찍는 중이다.

지난 20여 년간의 압구정, 청담동 식당의 변천사는 서울 미식의 발전사에 다름 아닐 것이다. 한쪽에서는 보다 '오센틱^authentic'함을 추구하고, 한쪽에서는 '믹스 앤 매치^mix & match'를 강조하는 이곳의 기조는 한식, 일식, 중식, 양식이라는 장르를 넘나들며 질적, 양적 팽창을 지속했다. 이제 이런 식당들은 해외 유수의 레스토랑 평가서에서도 당당히 좋은 평가를 받는다.

그러나 우리는 모두 이 천국의 입구에서 머뭇거린 기억이 있다.

아저씨, 우린 돈이 없어요…. 음, 음.

: Let it be :

경희대 근처 외진 곳을 산책하다 보니 식당이 하나 눈에 들어왔다. 파스타를 파는 곳이다. 고개를 들어 간판을 보고 상호 옆에 '회기점', '경희대점' 따위의 문구가 없는지를 먼저 확인한다. 굳이 이 동네에서 파스타를 먹을 일은 아니다. 돈 없던 학생시절을 지나 돈을 벌기 시작한 이후에는 가능하면 나는 천국으로 간다. 때로는 천국에서 쓰는 10만 원보다 지옥에서 쓰는 1만 원이 더 아까울 때가 있는 법. 나는 모교 자체는 꽤 좋아하지만 모교 근처는 그리 좋아하지 않는다. 도통 먹을 만한 음식점이 없기 때문이다. 동네가 대학가인 것이 문제다. 위치에 비해 임대료가 높아 젊고 에너지 있는 요리사가 둥지를 틀기 어렵다. 그렇기 때문에 재기발랄한 식당보다는 프랜차이즈 식당이 많고, 식당보다는 커피 전문점이 더 많다. 물론 이 험한 곳에도 종종 '식당'이 피어난다.

고등학생일 때 가장 좋아하던 음식은 뼈 해장국과 밴댕이 회무침이었다. 맛도 좋은데다 어른인 척하고 싶어 하는 청소년에게 제법 어울리는 음식이었다고 생각한다. 다양한 외식의 시작은 대학에 입학한 이후다. 대학생이 되어 과외비를 벌게 된 이후에는 여자친구가 생기면 소렌토에서 스파게티를 먹었다. 스파게티는 파스타의 한 종류지만, 당시에는 다른 종류가 널리 알려지지 않았으니 스파게티가 곧 파스타의 동의어인 시절이었다. 스파게티는 다 토마토 소스인줄 알았는데, 크림 소스를 처음 먹고 느끼한 맛에 너무나 놀랐다. 요즘엔 이렇게 먹는다기에 '그런가 보다' 하고 먹다 보니 또 맛이 있었다. 그렇게 장님이 코끼리 더듬 듯이 하나하

나 경험할 뿐이었다. 해장국이나 좋아하던 내가 뭐 타고난 입맛과 주관이 있을 리 없다. 서울이 내게 제시하는 대로, 머무는 동네가 보여주는 대로, 내게 영향을 주던 사람들이 알려주는 대로 먹고 살았을 뿐이다.

학교 근처 식당의 문을 연 것은 문득 이런 내가 언제부터 파스타를 이리 기합을 주고 먹었나 싶은 생각이 들었기 때문이다. 들어가 보니 요리하는 주인장과 아르바이트 학생이 전부인 작은 가게였다. 대학가의 식당답게 꽤나 저렴한 가격이다.

진귀한 재료도 없다. 그런 것을 바랄 수 없는 가격이고 별 기대도 하지 않았다. 그러나 한입 먹어보니 소스를 잘 유화乳化시켜 면에 흡착시켰다. 조리만큼은 정석이었고, 어디서 무엇을 만들어 얼마에 팔든 기본을 지키고 있는 모습이었다.

직접 만든 이탈리아 소시지를 넣었다는 파스타도 주문했다. 직접 만들었다고 하니 더 맛있을 거라 생각했기 때문이었다. 예상대로 대학가에서는 흔치 않게, 과감하게 염도를 살린 좋은 맛이다. 주방을 보니 주인장이 땀을 뻘뻘 흘리며 혼자 조리를 하고 있다. 이 소시지는 언제 만들어둔 걸까. 영업시간에는 간결하게 조리를 해야 주문이 밀리지 않기에, 아마 손님이 없을 때 틈틈이 만들었을 것이다. 이건 주인장이 브레이크 타임에도, 문을 닫은 시간에도 쉬지 못한다는 의미이다. 이날 내가 먹은 것은 쉬는 시간과 영업시간에 걸친 주인장의 노고였다.

요즘에는 좋은 소시지를 만드는 공방이 많고 또 온라인 판매도 하기에 식당에서도 이 재료들을 사서 요리를 하곤 한다. 다만 재료값이 많이 든다. 음식 값을 올려 받을 수 있다면 몸이 편하겠지만 그럴 수 없는 환경이라면 어떨까? 식당 입장에서 이런 메뉴를 값싸게 팔 거라면 굳이 취급하지 않는 편이 나을 것이다.

대학생이 되어 외식 생활의 길잡이가 되어 주었던 식당들을 생각한

주인장이 직접 만든
소시지를 넣어 만든 파스타

다. 첫 학원 선생님이나 과외 선생님 같았던 식당들. 수업은 두 시간이지만 그 수업을 준비하기 위해 선생님들은 물밑에서 얼마나 노력했을까. 대학시절은 자기 입맛을 알아가고, 친구들과 어울려 맛있는 음식을 즐기는 문화가 본격적으로 시작되는 시기다. 따라서 외식생활의 첫 관문인 대학가에서 좋은 식당을 만나는 것은 좋은 선생님을 만나는 것만큼이나 매우 중요하다. 아주 훌륭한 선생님, 완벽한 엄마가 있으면 좋겠지만 사실 위니코트가 말한 '충분히 좋은 엄마'는 아이가 울면 안아주고 반응해주는 정도의 적당히 괜찮은 엄마다.

청담동에서 이름을 날리지 않으면 어떠한가. 이름난 곳에 가서 식사를 했다고 자랑하지 못하면 어떠한가. 가격이라는 한계에도 불구하고 진실한 자기 음식을 하는 것은 충분히 괜찮은 일이라고 생각한다. 화려하지 않아도 정도를 지킨 평범함이 빛날 때가 있는 법이다. 아마 이 식당은 음식과 손님을 대하는 태도로 앳된 대학생들에게 충분히 좋은 선생님이 될 것이다.

지금의 모습 그대로도 충분히. 렛잇비Let it be.

: 이방인의 노래 :

얼마 전 스롱 피아비 씨 기사를 읽었다. 1990년생인 그녀는 캄보디아에서 태어나 감자 농사를 짓다가 국제결혼을 해 한국으로 건너왔다. 어느 날 남편과 함께 당구장에 놀러갔다가 우연히 그의 천부적인 재능을 알아본 남편의 권유로 당구를 본격적으로 배우기 시작했다고 한다. 지금은 무려 세계 랭킹 2위에 올랐고 캄보디아에서는 이미 국민적 영웅이다. 드라마보다 더 드라마 같은 이야기다. 슬프지만 충분히 예상 가능한 가부장적인 시골의 분위기에서는 어디 여자가 당구나 호통치고 넘어갈 수도 있었을 것이다. 재능도 재능이지만, 동반자가 그를 있는 그대로 바라봐 주지 않았다면 재능이 꽃 피울 수 있었을까. 신이 뿌려준 재능보다 아름다운 것은 사람이 편견을 극복하는 모습, 장점을 있는 그대로 바라봐 주는 모습이다. 그곳이 캄보디아든 한국이든.

　현지 음식의 원형을 맛보고 싶을 때 우리는 어디로 가야 할까. 만약 그 음식이 동남아 음식이라면 우리의 목적지는 번화한 도심지가 아니다. 그곳을 벗어나 지금 당장 버스나 기차를 타야 한다. 어디든 상관없다. 다만 누가 봐도 시골이거나, 영세한 공장이 많은 곳이라면 더욱 좋다. 이런 곳에 가면 생각보다 동남아 음식점이 많다. 한국인과 결혼해서, 혹은 한국 공장에 취직해서 이곳에 넘어온 수많은 스롱 피아비가 살아가고 먹고 마시는 곳.

어떤 동네는 태국 음식점이 많고, 어떤 곳은 캄보디아, 어느 동네는 베트남 식당 위주다. 이는 그 지역의 외식 사업가가 선정한 국적의 음식이 아니라 그 동네 이주 노동자들의 원 국적을 반영한다. 유럽에 배낭여행을 갔을 때, 한식이 먹고 싶은데 적당한 곳이 없으면 중국 음식점에 갔었고 그것으로도 그럭저럭 충분했다. 캄보디아 음식으로 향수를 달래는 태국인의 마음이 이렇지 않을까 싶다.

김포 대곶면에는 기계, 공구, 샌드위치패널 등을 만드는 작은 공장들이 많다. 그 동네 초입에는 여지없이 작은 태국 음식점이 있다. 식당에 들어서면 우리를 먼저 반겨주는 것은 읽을 수 없는 가사와 익숙하지 않은 멜로디의 노래다. 심지어 노래방 기계에서 나오는 소리라 얼큰하게 취한 동남아 청년들의 생생한 노

주된 고객이 현지 출신의 손님들이니 레몬그라스, 갈랑가, 라임 잎, 팍치와 같은 향신료를 적극적으로 쓰는 것이 **똠**얌꿍의 원형에 가깝다. 현지의 맛을 제대로 살렸다고 힘써 홍보하고 어깨에 힘을 주지 않아도 으레 당연히 그렇게 만드는 자생적 원형의 음식이다.

래도 들을 수 있다. 그나마 이곳은 한국인들의 발길이 꽤 있는지, 나의 등장에도 손님들이 그다지 놀라지 않는다. 경남에서 우연히 들른 어떤 캄보디아 음식점에서는 그곳을 채운 수많은 사람들이 한국인 손님의 등장에 적잖이 놀라는 모습을 본 기억이 있다.

하지만 우리는 공기의 냄새를 통해 안다. 그것이 경계가 아니라 이 음식을 함께 즐기고자 하는 어느 인간에 대한 환영과 신기함을 담은 놀라움인 것을.

'네, 저도 당신들의 음식을 좋아합니다. 그래서 당신들의 공간에 잠시 실례하겠습니다.'

서로 다른 사람들을 묶어 내는 것은 음식의 또 다른 힘이다.

◎

동남아 음식이라 하면 익숙하지 않은 향신료를 먼저 떠올리지만 이색적 맛의 근간은 산미酸味이다. 한식은 대체로 복합적인 맛을 담지만 의외로 신맛을 강조한 음식은 흔치 않다. 흔히 새콤달콤한 양념이라고 표현을 해도 달콤한 맛 위주에 새콤한 맛은 크게 두드러지지 않는다. 그렇기 때문에 나를 포함한 일반적인 한국인은 인간의 5미라고 하는 단맛, 쓴맛, 짠맛, 신맛, 감칠맛 중에서 신맛에 대한 감각과 선호는 상대적으로 부족한 편이다. 한번 사는 인생에서 인간이 느낄 수 있다는 다섯 가지 맛 정도는 골고루 즐겨 봐도 되지 않을까? 동남아 음식을 먹으면 '신맛'이라는 두 글자 단어가 얼마나 깊고 풍부한 맛과 향을 함축하고 있는지 새삼 깨닫게 된다. 더불어 비어 있던 무엇이 채워지는 느낌, 비로소 나도 좀 인간이 된 느낌이 든다.

읽을 수 없는 태국어 옆의 금액은 원화고,
경남 어딘가에서 먹었던 팟타이 옆은 소주다.
서로 다른 둘이지만 자연스럽게 어울린다.

남들도 나와 비슷한 마음이었을까. 언제부터 한국인이 이리 태국 음식을 좋아했나 싶을 만큼 동남아 음식은 우리의 주요 외식 선택지 중 하나다. 시대의 음식 취향은 그저 취향이 아니라 우리가 지금 어디에 있는지, 또 어디로 가야 할지 보여주는 당대의 신호이자 방향타다. 지금의 신호는 음식이든 사람이든 다양한 것을 받아들이고 있는 그대로의 원형을 존중해야 한다는 메시지를 담고 있는 것은 아닐지.

이 땅에서는 그들이 외지인일지 모르겠지만 이런 식당에서는 내가 이방인이다. 작은 식당 문 하나를 경계로 외지인과 현지인이 뒤바뀌고 누군가의 주식이 다른 이에게 별미가 되는 것이 현실인데, 무엇하러 이리저리 나눌까. 그저 지금 여기 함께 살아가는 사람들일 뿐.

천국의 입구는 곳곳에 있다. 압구정동이 아니더라도 충분히 자연스럽게 거기에. 누군가의 삶과 함께 여기에.

: 존중과 적응 :

지방은 대학가만큼이나, 잘 만든 서양 음식의 불모지이다. 대학가에서 완

성도 높은 음식을 팔기 힘든 이유인 가격에 대한 저항이 한결 증폭되는 곳이 지방이기 때문이다. 심지어 개방적인 태도로 다양한 경험을 하고자 하는 젊은 층이 적다는 점에서 혹을 하나 더 붙이고 시작해야 하는 곳이다. 그런데 지방에서 이 낯선 음식들을 만들겠다는 요리사들이 있다. 사명감으로 볼 수도 있고, 그 어떤 합리적인 이유도 이길 수 없는, "여기가 고향이니까요"라고 이야기하는 이들도 있다. 요리는 실력이 가장 중요하겠지만 이런 환경에서는 고집과 유연성, 인내심이 있어야 한다. 꼭 요리사뿐 아니라 사람들에게 새로운 것을 소개하는 일을 하는 사람이라면 모두 그렇다.

낯선 도시에 가면 '왜 여기에 이런 식당이 있지?' 하고 반문하게 되는 식당들이 있다. 꽤나 본격적인 프렌치나 이탈리안 레스토랑, 정통을 지킨 베이커리들이 그렇다. 힘든 토양에서 그렇게 열심히 요리했던 이런 식당들의 일부는 변해버렸고, 일부는 없어져버렸다. 요리는 누군가의 직업이고 생계이니 정통을 지키는 고집만을 강요할 수는 없다. 현실과 타협해 처음 본인의 의지와는 다른 요리를 하는 사람을 그 누가 욕할 수 있을까.

반대로 현실을 무시하고 자기 색을 담은 요리만 고집하다 장렬히 산화한 식당들도 있다. 그 공간을 안타깝게 여기고, 요리사의 용기를 아름답게 추억할 수는 있지만 지역에 녹아들어 지속 가능한 시스템을 갖추지 못한 것은 진한 아쉬움으로 남는다. 손님 입장에서 음식이 맛없어지는 것보다 더 큰 아쉬움은 식당이 아예 사라져버리는 일이니 말이다.

지방에서 양식을 하는 것은 어디까지 타협하고, 어디까지 자신의 정체성을 지킬 것인지에 대한 미묘한 시소게임이다. 그렇기 때문에 이 시소를 박차고 나가 자신의 음식을 지켜나가는 곳은 응원을 하지 않을 수 없다. 물론 시소 안에서 균형을 잘 잡아 적당히 고집스럽지만 또 적당히 변해버린 식당도 매력적이다. 변화가 굴복이 아니라 지역에 대한 존중과 적응이라 느껴지기 때문이다.

포항에서 만난 양식당 비스트로 파포 역시 이런 고민을 담고 있었다. 서울의 유명 식당에 뒤지지 않는 솜씨를 갖췄지만 지역의 눈높이에 맞춰 신경 쓴 음식을 저렴한 가격에 판매하는 이탈리안 식당이다. 이곳은 다행히도 자기 음식을 지켜내는 힘이 있었다. 익숙하지 않은 이에게는 염도가 높고 고기가 덜 익은 것처럼 보일지 모르지만, 묵묵히 자기중심을 잡으며 만든 멋진 음식이다. 이 식당의 요리사는 포항 사람들에게도 자신의 식당을 통해 이런 음식을 접할 기회가 주어지길 바란다고 말한다. 때로는 무뚝뚝해 보이지만 자기 지역과 손님들에 대한 애정은 음식 그 자체로 드러나고 있었다.

혼자 하는 식당이니 이곳 역시 쉬는 시간이 쉬는 시간이 아니다. 굳이 계란으로 반죽한 타야린tajarin 생면을 준비하고, 포항 지역의 재래돼지를 찾아 연구하고 요리한다. 주인장은 스트레스를 받으면 요리로 푼다는 천생 요리사다.

이 가게는 소주를 판다. 서울에서 유행하는 것처럼 파스타나 피자에도 소주를 곁들이게 설계한 가벼운 콘셉트는 아니다. 음식에 와인을 곁들이는 문화가 성숙하지 않은 지역에서 주인장은 소주를 팔며 꿋꿋하게 만든 진중한 음식으로 손님들이 잘 만든 양식 문화의 경험을 쌓기를 기다려주고 있었다. 열정과 고집을 담은 뒷모습이 믿음직스럽지만 때로는 외로워 보일 때도 있다. 기다림은 곧 외로움이니까. 요리가 스트레스를 푸는 수단이 되는 빈도보다 요리 자체로 희열을 느끼는 순간이 많아지길 응원한다. 그는 응당 그런 것이 어울리는 요리사니까.

합리적이다 못해 저렴한 가격은 이 가게의 장점이다. 손님 입장에서야 당장 싼 것이 좋겠지만 궁극적으로는 요리사의 노동과 작품은 정당한 가치를 인정받아야 손님과 식당 모두 롱런할 수 있다. 뚝심이 깃든 맛을 인정받고 동네의 자연스러운 풍경이 될 때까지 버티는 것은 오로지 요리

전반적으로 훌륭하지만 가끔은 아주 깜짝 놀랄 만한 완성도의 음식이 나올 때도 있었다. 푸아그라와 민물장어를 이용한 테린이다. 푸아그라는 단맛과 잘 어울린다. 민물장어는? 생강 하나 올려 달달한 복분자주를 곁들이는 것이 공식이다. 푸아그라와 장어라는 서로 다른 재료를 달달한 포트와인에 절인 생강채를 곁들여 묶어냈다.

귀한 모렐 버섯을
이용해 만든 파스타에도
이 동네 손님들에 대한
헌신이 녹아 있었다.

사가 감내해야 할 일이지만, 나는 이 음식을 즐기는 단골로서 그 짐을 조금은 나눠 들고 싶었다. 아니, 나눠 들 수 있다고 믿고 싶었다.

자신을 갈아 넣으며 일하는 것은 잠깐은 가능하지만 영원할 수는 없다. 사람이 자신을 갈아 넣다 보면 분노가 쌓이고 그 분노는 결국 자신의 직업을 향할 수도 있다. 그렇기에 그가 지치지 않고 지금의 시기를 이겨 나가길 바랄 뿐이다. 그를 위해서, 그의 멋진 음식을 오래 먹고 싶은 나를 위해서.

일이든 대인 관계든 마찬가지다. '오늘과 10년 후의 어느 날도 똑같이, 무리하지 않고 꾸준히 내가 할 수 있는 딱 그만큼만을 늘 변함없이 해 나간다'라는 일관성이 주는 신뢰의 힘에 대해, 각자가 자신의 자리에서 지켜야 할 것에 대해 스스로도 다시 생각해 본다.

: 충분히 좋은 :

훈련소에서 만나 친해진 친구는 함께 떠났던 구례 여행 이후에도 빵에 매

진했다. '앞으로 여자 친구를 사귈 수 있을까'라고 걱정하던 녀석은 곧 여자 친구가 생겼고, 심지어 1년 후 결혼을 했다. 이듬해 이 부부는 고향 경주에 작은 빵집을 열었다. 친구는 원래 소시지빵과 야채빵을 기가 막히게 잘 만들었다. 그럼에도 가진 재주를 넣어 놓고, 다소 생소한 유럽식 빵을 지방 소도시에서 시작하는 것이 대단히 어려웠을 것이다. 동네 손님들의 눈높이에 맞춰 생크림 과일 케이크와 단팥빵을 만들면 최소한의 수익을 보장받을 수 있는데도, 빵에서 왜 신맛이 나느냐, 상한 것 아니냐에 대한 답변을 늘 해야 하는 사워도우sourdough를 만들며 매일 새벽 고민했을 것이다.

친구는 실력도 뛰어났지만 겸손했다. 자신의 천연발효종으로 만든 빵을 이해하지 못하는 지역민의 수준을 운운하며 폄하하지 않았다. 윽박지르지 않고 조금씩 자신의 빵으로 설득해 나갔고, 때로는 손님들에게 편안한, 그러나 잘 만든 크림빵도 선보이며 손님들과 발걸음의 속도를 맞출 수 있는 여유도 가지게 되었다.

경주에 가면 항상 브래드몬스터에 들른다. 빵집은 늘 바쁜 곳이라 친구와는 잠깐의 인사만 할 수 있다. 그러나 짧은 인사일지언정 친구가 가

게를 비운 적은 없었다. 친구는 늘 일터에 머물렀고, 그 결과 빵집은 경주에 스며들었다. 소박한 빵집이지만 친구와 친구의 빵을 사가는 손님들의 표정을 보는 것은 대단히 즐거운 일이다. 잘난 척하면서 너무 앞서 가지 않고, 역으로 손님들의 뒤꽁무니만 좇지 않으며 지역과 함께 가는 발걸음. 그가 보여준 적당히 채우고 적당히 비운 그 걸음의 속도를 친구라는 이름으로 곁에서 지켜볼 수 있어서 뿌듯했다. 그가 만든 빵으로 속을 채우며 내가 정말 채우고 싶은 것, 남들에게 채워주고 싶은 것은 무엇일까 생각했다.

요즘은 일식, 양식 불문하고 자신의 고향에 터를 잡는 젊은 요리사들이 늘었다. 이전과는 다른 모습이다. 미식의 시대에 지방에도 다양한 음식을 원하는 손님들이 늘어나기도 했지만, 자신감과 함께 구세대가 가지지 못한 유연함을 갖춘 젊은 요리사들의 등장이 이러한 흐름의 주된 원동력이 아닐까 싶다. 어려운 환경에서 용기를 낸 요리사들이 손님이 울면 반응하고, 어려워하면 설명해주고, 웃으면 함께 기뻐하는 공간을 가꾸어 나갔으면 한다. 이러한 식당이 손님들이 더 정성을 담은 맛, 더 다양한 맛을 경험할 수 있도록 딱 반 발자국 앞에서 함께 걸어가는 '충분히 좋은 식당good enough restaurant'이 되기를 응원한다.

식당을 운영하는 것은 때론 손님과 함께 살아있는 공간을 양육하는 것일지도 모른다. 이 식당들이 손님과 호흡하는 것은 요리사와 손님이 함께 곳곳에 천국의 입구를 건설하는 것처럼 보인다. 비싸고 진귀한 음식이 아니면 어떠한가. 있는 그대로의 모습을 존중하고 인정하며 무엇을 먹든 충만한 내적 행복을 추구하는 것은 우리가 찾고 싶어 하는 참 자기[true self]와 닮았다.

06

오래된 기억

어렸을 적 할머니 할아버지는 수유동에 살았다. 동생과 함께 수유동에 간 적이 없으니, 내가 할머니댁에 머문 것은 다섯 살 무렵 잠깐이었던 것 같다. 기억에 꽤 오랜 기간 할머니댁에 머물렀던 것 같은데, 지금 생각해보면 어머니께서 여동생을 출산할 즈음일 수도 있겠다. 할머니 할아버지는 당시 여관을 운영하셨다. 정면에서 보면 왼편에는 당신들이 기거하시는 방이 한 칸 있는 집이 있었고 마중물을 넣어야 하는 수동펌프가 있는 작은 마당을 사이에 두고 오른쪽에는 삼층 남짓한 여관 건물이 있었다. 할아버지 할머니께서 지내시는 작은 방의 앞쪽에는 난로가 있었다. 난로에 분홍 소시지나 쫀드기 따위를 실컷 구워 먹을 수 있었던 나는 거기서 계속 살고 싶은 마음이 들었다. 허나 내 활동 반경은 거기까지였다. 할머니는 여관 쪽으로는 가지 못하게 하셨고, 난 도대체 왜 그러시는지 알 수 없었다. 왜 사람들은 잠을 집에서 자지 않는지, 나 왜 거기에 가지 못하는지. 나도 집을 떠나 할머니 댁에 있었기에 나와 비슷하려니 생각할 뿐이었다.

며칠이 지나고 손님들이 오면 자그마한 쟁반에 물이 든 주전자와 컵을 올려 가져다준다는 것을 알게 되었다. 나는 할머니를 돕는다는 핑계로 잽싸게 쟁반을 들고 여관에 들어갔다. 복도를 따라 방들이 죽 늘어서 있었다. 어두컴컴하고 조금 무서웠지만 내가 들어가면 안 되는 이유를 찾아내기엔 탐험의 시간은 짧았다. 작은 꼬마가 물을 가져다주니 백 원짜리 동전을 주는 아저씨도 꽤 있었다. 당시 백 원이면 과자를 사먹기 충분한 돈이었다. 풀지 못한 궁금증을 동전 몇 개와 바꾼 채 이내 집에 돌아왔고 난 여동생을 처음 만날 수 있었다.

이후 당시 여관 건물이 보고 싶어 어렴풋하게 남은 기억을 더듬어가며 수유동 근처를 산책한 적이 있다. 내가 찾지 못한 것일 수도 있겠지만 아마 없어지지 않았을까 싶다. 커서 여행을 다니며 종종 낡은 가게와 낡은 건물, 숙소를 보면 어렸을 때의 그 여관을 찾아낸 것처럼 반가운 마음이 들곤 한다. 우리나라에는 깨끗하고 저렴한 숙소가 많아 그런 곳은 겉에서 눈으로만 보는 것이 합리적 선택이겠지만.

: 현실과 비현실이 맞닿은 곳 :

밀양에 갔을 때 일이다. 밀양역 근처를 걷는데 낡은 여인숙이 눈에 들어왔다. 열린 문 너머로 살펴보니 중정에 작은 화단이, 중정을 따라서는 일렬로 방들이 있었고 방문 앞에는 반질반질한 나무로 된 좁은 마루가 있었다. 여인숙이라는 형태는 아직도 기차역 주변, 시골 읍내 곳곳에 남아 있지만 이토록 옛 형식을 간직한 곳은 보기 드물었다.

이런 낡은 숙소에 대해 더 이상 어린 날의 경험이나 처절한 추억은 없다. 나와 세대가 맞지 않을 정도의 옛 형식인 것이다. 개인적인 일화나 추억을 더듬어가는 것이 아님에도 왜 이런 곳을 보면 호기심이 생기고 심지어 아련해지는 것일까. 모든 공간에는 역사가 있다. 이 공간은 이 안에서 벌어진 수많은 현장들을 목격하며 지금의 모습으로 늙어갔을 것이다. 이 공간에 대한 탐색과 위로는 어쩔 수 없이 중년을 거쳐 노년으로 접어들 나를 받아들이는 과정과 닮아있을 것이다. 이제는 누구도 찾지 않는 이곳에 대한 위로에는 누구도 찾지 않는 노인이 되는 것에 대한 나의 두려움이 녹아 있을 수도 있다. 그래서 나는 이런 곳을 찾아 그간 수고했다고 말해주는 객이 되고 싶은 것이다. 방은 말을 할 수 없고, 그저 지금의 모습만을 보여줄 뿐이지만 낡은 방에 몸이 뉘이면 누군가의 자서전을 읽는 기분이 든다.

어느 해 여름 밀양을 다시 찾았다. 혹여 없어지지 않았을까 밀양에 닿자마자 상록여인숙으로 향했다. 머물 수 있는지 여쭈니 흔쾌히 1박에 1만 5천 원이라고 하신다. 세 명이었으니 한 사람당 5천 원이다. 어지간한 냉면 한 그릇보다 싸다. 어렸을 때 할머니 여관에서 받은 동전으로 여기에 머무는 셈이라고 생각했다.

여인숙 근처 식육점에서 삼겹살을 떼고 슈퍼에서 라면, 계란 따위를 샀다. 이름난 식당이고 뭐고 이제부터 하루는 온전히 이 숙소에 머물고 싶었다. 숯불은 사치라고 생각했다. 고기도 동네 허름한 식육점에서 '사온다'보다는 '떼어온다'는 표현이 더 어울릴 것 같았다. 주인장에게 찌그러진 냄비와 낡은 프라이팬을 빌려 라면이나 끓이고 삼겹살이나 굽는 것이 어울릴 법한 그런 공간이다.

좁은 마루에 앉아 양동이에 물을 받아 발을 담그고 화단을 바라보다 신문을 읽었다. 어렸을 적 내게 동전을 주던 아저씨들이 이렇게 했던 것도 같다. 꽤 긴 시간을 그렇게 보냈다. 친구들도 말을 걸지 않았다. 나중에 찾아보니 이 여인숙은 독립 영화의 촬영 장소로도 쓰였다고 한다. 그

나무로 된 창틀과 방범창.
저 방범창이 일자로 된 쇠였으면
조금 무서웠을 텐데 저 무늬에는 분명
애교가 섞여 있다.

럴 만도 하다. 모든 것이 영화 같았고 여기에 있으면 그 자체로 배우가 된 느낌이 든다. 나는 지금 무슨 연기를 하는가. 한량 연기인가, 레지던트 연기인가, 꿈이 현실인가, 현실이 꿈인가 아득하다. 발로 양동이 물을 차 찰박찰박 소리를 내며 그렇게 가만히 있었다. 꿈에서 깨어나니 궁상이었지만 꿈에서 깨기 전에는 꿈인지 모르니 그렇게 있을 수 있었다.

돌이켜보면 별 것 없는 장소였지만 유독 이곳이 기억에 남는다. 혹독하게 낡은 공간이 일반적인 현실과 너무 달랐기 때문일 것이다. 너무 색다른 곳에 있으면 그 분위기가 주는 비현실감에 현실을 잊을 수 있다. 심지어 영화 같은 이곳은 나름 한번 경험해 보길 꿈꿔 왔던 비현실 아닌가. 우리는 늘 나은 것을 꿈꾸지만 그저 다르기만 하면 그게 무언가 나을 것이라고 기대하곤 한다. 발리나 푸껫, 하와이에는 화려한 다름이 있겠지만 밀양의 이곳은 과거에 걸쳐 있는 다름, 지금 만나지 못하면 볼 수 없는 퀴퀴한 다름을 가지고 있었다. 과거 누군가는 여기서 첫사랑을 만났을 수도 있고 첫 엠티를 왔을지도 모르겠다. 누군가는 달방으로 잠시간의 일상을 함께 했을 수도 있겠다. 나에겐 아련하게 간직했던 어린 시절 여관의 기억이 누군가는 까무러칠 만큼의 처절한 낡음으로 드러나니 이처럼 혹독하게 현실적인 곳도 없겠다. 비현실과 현실이 맞닿은 곳, 그곳이 상록여인숙이었다.

: 낡음에 대해 :

흑산도에서 목포로 나왔을 때의 일이다. 예정보다 하루 서둘러 나왔기에 목포에서 1박을 할 여유가 생겼다. 여행으로 수십 번도 더 찾은 목포였지만 섬에서 나왔기에 당시의 목포는 항구가 아니라 육지였다. 섬에 고작 며칠이나 있었다고, 나오자마자 육지 음식이 당긴다. 고깃국과 짜장면부터 먹었다. 가끔 두어 달 해외여행이나 출장을 마치고 귀국하면서 어떤 음식이 너무나 생각났다고 말하는 사람들이 있다. 그런 이야기를 들으면 꽤나 부러웠다. 긴 여행 자체가 아니라 단절을 통해 자신의 취향을 점검해 볼 수 있는 기회가 있다는 것이 부러웠다. 낯선 곳에 오래 있으면 어떤 음식이 가장 먼저 생각날까. 대단한 용기를 내지 않는 한 길게 일상을 떠날 수 없는 삶이다. 나중에 나이 들고 아파서 병원에 두어 달 있을 때가 되어야 몇 달 참으면 뭘 먹고 싶은지 알 수 있으려나. 가능하면 평생 그런 것은 모르고 살았으면 싶다. 작은 계기로나마 어떤 음식이 생각났다면 그

기회를 소중히 감사하게 기억할 뿐이다. 그런 탓인지 이날 짜장면은 특별히 더 맛있었다.

◎

지방 도시에 가서 현대적이고 깨끗한 곳에 묵으려면 신도심으로 가야 한다. 목포도 마찬가지이다. 목포 내 신도심인 하당에 가면 깨끗한 모텔이 많다. 반면 구도심은 급격한 공동화空洞化로 인해 해가 갈수록 거리가 쇠락하는 것이 보여 목포행은 점점 마음이 편치 않다. 그러나 덕인집이니 장터식당이니 영란횟집이니 하는 목포의 유명한 식당은 아직 구도심을 지키고 있다. 이런 것을 보면 오래된 식당은 느리다는 생각도 든다. 신도시 개발 계획이 앞장서면 아파트와 함께 공인중개사 사무소가 뛰어간다. 숙박업소도 생기고 프랜차이즈 식당들도 대열에 빠르게 동참하는데 정작

관해장이라는 이름답게 3층 옥상에
올라가면 목포항과 오륙도가 한눈에 들어온다. 경치 값으로도 충분한 숙박비다.

오래된 식당들은 원래 자리에 머무는 경우가 많다. 느리냐 빠르냐의 문제
가 아니라 그들은 어떤 음식을 꼭 그 자리에서 하는 것, 그것까지를 업으
로 생각해서이려나. 나는 음식 탓에 목포 구도심에 머무는 것을 좋아하지
만 숙소가 늘 문제였다. 그래, 이번에는 차라리 제대로 구도심다운 곳에
있어보자. 저 멀리 높은 곳에 관해장이라는 여관이 보였다.

　흑산도 여행까지 마치고 나왔으니 용기가 백배인 시절이었다. 1박에
이만 원. 어지간한 파스타 한 그릇보다 싸다.

　복도에는 반질반질하게 빛나는 마룻바닥이 있었다. 단순히 오래된

목포는 '중깐'이라는 자신만의 짜장면을 보유한 도시다.
1950년에 개업한 중화루의 간짜장을 줄여서 중깐이라고 부르기 시작했다는 설이 있다.
고기를 잘게 다진 유니짜장인데 면발이 매우 얇은 것이 특징이다.
여전히 영업중인 중화루나 태동식당 등에서 만나볼 수 있다.

것이 아닌 관리의 힘이다. 관해장은 과거 박정희 대통령이 묵은 적도 있다고 했다. 한때는 위세가 있던 공간이었을 수도 있겠다. 상업 공간은 상시 북적이는 객으로 빛나야 제격이지만 공간이 늙어도 한결같이 빛나도록 관리하는 것은 언제나 감동적이다.

할아버지는 평안남도에서 태어나셨다. 한국전쟁 즈음 월남해 국군이 되셨고 이후 일생을 군인으로 사셨다고 들었다. 내가 태어났을 때 할아버지는 전역을 하신 후였고 종종 어린 나를 데리고 냉면집에 가시곤 했다. 지금 생각해보면 소위 38따라지들이 모였던 을지면옥이나 장충동 평양면옥이 아니었을까 싶다. 냉면집에 가실 때 할아버지는 멋진 양복을 빳빳하게 다려 입으시고 중절모를 쓰셨다. 그곳에는 비슷한 할아버지들이 많았다. 압록강을 맨몸으로 수영해서 왕복으로 몇 번씩 건넜다는 이야기, 북진 당시 그리움을 이기지 못하고 고향집에 들러 보았는데 당신이 국군의 군복을 입고 있는 것을 알아본 동네 사람이 있다면 이후 이북에 남은 가족들의 신변에 해가 되지 않았을까 통탄하는 등의 생소한 이야기를 들으며 어색한 맛의 맑은 냉면을 꼬물꼬물 먹었다. 관해장의 마룻바닥을 보니 몸이 아프셔도 꼬장꼬장하게 자신을 꾸미고 늘 잘 관리된 구두를 신고 다

니셨던 할아버지의 생전 모습을 보는 것 같았다. 관해장의 옥상과 마루는
널리 또 멀리 볼 수 있는 노신사를 닮아 있었다.

　그에 반해 여관방은 노인의 속살을 보는 것처럼 늙어 있다. 혹자는
레트로풍의 감성이라고 할지 모르겠지만 이것은 억지로 만들어 내거나
숨길 수 없는 노화 그 자체다. 겉으로는 꼿꼿해 보이더라도 방의 정경에
서는 그리움과 후회, 죽음에 대한 두려움 등이 얽혀 있는 노인의 마음 속
내면이 읽힌다. 물론 그 안에는 경험에서 나오는 지혜와 위트도 있다.

　우리는 모두 늙는다. 관해장처럼 늙는다. 앞으로의 삶에서 빛나도록
관리할 마룻바닥은 무엇이며 어둠의 순간에 불현듯 꺼내 사람들을 웃기
고 안심시킬 수 있는 나의 분홍색 창은 무엇일까 생각하며 조심스레 여관

의 작은 욕조에 몸을 우겨 넣었다. 자연스레 늙어가는 사람이 이미 늙어 있는 공간 안으로.

: 원형의 맛 :

늙고 사라져 가는 것은 곳곳에 있다. 살다보면 보통은 '사라짐'이라는 결과만 인식하게 되는데, 현재진행형의 '사라져 감'을 볼 수 있는 대표적인 곳은 지방의 중국요릿집이다. 해가 지날수록 메뉴는 줄어들고 할아버지의 주름은 나이테처럼 늘어가는데 도무지 후계자가 있는 곳을 찾기 힘들다. 아직 영업하고 있지만 서서히 사라져 가고 있는 것이다. 어딜 가든 중국요릿집이 없는 동네는 없기에 여행을 다닐 때는 틈틈이 낡은 중국집을 찾았다. 그중 기억에 남는 곳은 서천군 판교면의 동생춘이다.

요즘이야 음식을 두고 사진을 찍는 사람이 많아 어지간한 시골의 식당을 가도 주인장들이 카메라를 보고 경계하는 일이 적다. 하지만 예전에는 어디서 단속이라도 나왔나 싶어 왜 찍는지 묻는 일이 더러 있었다. 블로그 같은 SNS가 유행이 된 이후에는 혹여 장사에 도움이 될까, 혹은 이 녀석들이 무리한 서비스를 요구하지 않을까 싶어 환대와 경계가 섞인 눈초리로 왜 사진을 찍는지 묻는 분들도 있었다. 개인적으로 블로거랍시고 드러내고 주접을 떠는 행동이 싫었다. 처음에는 유명해지는 것이 놀라웠고 신기했지만 이내 그만두었다. 늘 눈치를 보며 가능하면 주인장을 등지고 앉아 몰래 음식 사진을 찍었다. 그러다 발각되어 주인장이 왜 찍는지 물으면 여행길의 기억을 간직하고 싶어서, 혹은 배고프면 보려고 찍는다고 답을 했다. 그저 조용히 지나가는 손님이니까. 자기가 얼마나 유명한 사람인지, 내가 다녀가면 얼마나 홍보가 되는지 어필하고 심지어 가게에서 돈을 받고 홍보성 글을 올리는 것은 이해할 수 없었고 지금도 그렇다.

그러나 세상이 달라졌다. 이 바닥은 비즈니스가 되었고 사람들은 유명 블로거나 인스타그래머에 열광하며 그들이 경박한 말투로 추천하는

사라져가는 곳이 많지만 여전히 힘이 펄펄한 곳을 보면 반갑다.
소스에 파가 들어간 것이 독특했던 탕수육은 여전히 전성기의 맛이다.

곳에 앞다퉈 줄을 선다. 자기가 1등으로 줄을 선 줄 알고 좋아하지만 그 줄의 맨 앞에는 광고비로 이미 몇 백만 원을 챙기고 떠난 자가 있다. 하지만 '#광고'라는 해시태그만 달면 법적인 면죄부를 받는다. 이곳은 윤리의 영역이 아니라 사업의 영역이자, 진심 어린 후기보다는 추종할 SNS 스타의 후기가 필요한 곳이다. 사실 이 구도에는 피해자가 없다. SNS 스타의 행보를 좇는 것만으로도 행복한 사람, 우르르 몰려다니며 돈을 벌어 행복

동생춘의 주인 할아버지가
수타면을 뽑아 들고 있다.

한 SNS 스타. 이들에게 돈을 건네고 홍보 효과에 함박웃음을 짓는 업주 모두가 행복하다. 그러나 지속 가능한 건강한 행복인지는 미지수다. 이 행복한 결탁을 너그럽게 바라보기엔 나는 아직 마음이 넓지 못하다. 다만 그것도 재주려니, 각자 가진 깜냥이 다르려니 할 뿐이다.

가게가 너무 조용했던 탓일까. 사진을 찍는 모습은 이내 주인장에게 발각되었다. 왜 사진을 찍는지

물어보면 뭐라고 답할까 생각하고 있었는데 주인 할아버지의 반응이 의
외다. 다짜고짜 가까이 좀 와서 수타면을 뽑는 장면을 찍어 놓으란다. 본
인의 솜씨를 자랑하고 싶으신 게다. 대놓고 찍는 사진이라 어색했지만 엉
거주춤 몇 장의 사진을 찍었다. 의기양양한 할아버지의 표정은 새하얀 면
발만큼 곱고 숨김없는 자신감이자 그가 살아온 길 그 자체였다.

　　이 음식들 앞에서 감히 무슨 평을 하겠는가. 자부심을 가지고 꼿꼿하
게 만든 음식 속에 역사적인 맛이 깃들어 있다. 사라져 가지만 완전히 사

라지지 않은 것의 현재는 슬프지만 아직 아름답다. 종종 여전히 힘찬 맛을 볼 수 있음에 감사할 따름이다.

낡음은 구식이기도 하지만, 지켜온 고집이기도 하다. 음식은 변화를 통해 발전하지만 반대로 변화를 통해 본래의 모습을 잃고 퇴보하는 경우도 있다. 대표적인 것이 동네의 평범한 중국 음식이다. 중국 음식은 특별한 날 먹는 고급 음식의 위상을 잃었고, 배달을 위한 빠른 조리로 맛이 희생되었다. 빨리 만들어 입에 착 붙어야 하는 음식이 되다 보니 천편일률적인 단맛과 매운맛 위주다. 그런 의미에서 고집을 지켜낸 낡은 중국집은 정취에 더해 원형의 맛 자체로 분명한 강점이 있다. 동생춘의 할아버지가 남은 힘을 다해 힘차게 뽑아낸 나긋나긋한 면발 맛이 그러했다. 제기동의 어느 중국집에서 먹은 요리들 또한 그러했다. 세상 흔한 잡채밥에서 쫄깃

어이 없을 만큼 수더분한 제기동 홍룽각의 잡채밥. 재료의 맛을 돋보이게 하는 것은 결국 비움이다. 자신 있게 비워내는 것이 바로 경험에서 온 실력일 테고.

하게 기름기를 머금은 당면의 고소함, 가늘게 채 썰어 넣은 질 좋은 돼지고기, 아삭한 피망, 넉넉히 들어간 애호박의 맛이 찬찬히 느껴진다.

원래 해온 대로 만들었을 뿐이지만 굴소스와 고추기름을 빼고 볶으니 비로소 맛이 드러난다. 채소 자체의 맛을 즐기는 잡채가 60년대 중국 음식 스타일이라며, 젊은이들의 입에는 맞지 않을 수 있다고 염려하던 주인장에게 아주 맛있다고 전하니 얼굴에 환한 미소가 번진다. 대수롭지 않은 동네의 특별하지 않은 중국집에서 수더분한 원형의 맛을 '문득' 만나는 것은 특별히 반가운 일이다.

: 타협과 사라짐 :

익산은 위치상 군산―익산―전주로 이어지는 전북 미식 벨트의 중심인데, 젊은 층에게 인기 있는 여행지가 된 군산이나 전주에 비해 도시의 색이 널리 알려지지는 않았다. 하지만 익산은 자기 음식 색을 가진 미식계의 전통 강호다. 전주가 비빔밥과 물짜장의 도시로 알려져 있지만, 익산에서 더 라이브한 느낌의 비빔밥과 물짜장(혹은 된장짜장)을 만날 수 있다. 익산에는 업력이 상당한 화상華商 중국집들이 많았다. 이들 화교들이 우리에게 익숙한 검고 달달한 공장제 춘장 대신 중국식 된장인 첨면장을 직접 만들고 여기에 물을 섞어 짜장면을 만들었다. 이 짜장을 된장짜장 혹은 물짜장이라 부른다. 익산도 목포처럼 구도심은 쇠락의 기운이 가득하다. 화교 1세대, 2세대의 중국집들은 점차 문을 닫았다. 국빈반점도 마찬가지다.

중국집답게 다양한 가짓수의 식사와 요리를 뽐냈던 가격표다. 힘이 부침에 따라 손이 많이 가는 음식들은 더 이상 만드실 수 없다. 전통을 지키며 직접 만들었던 된장짜장도 메뉴판에서 사라졌다. 부들부들 떨리는 심정으로 그어 나갔을 ×표를 보며 식당에서 찍을 수 있는 가장 슬픈 사진이라고 생각했다. 어떤 주문이 들어오든 뿌리부터 불이 붙어 활활 타오르던 1세대 동네 중국집의 화공은 이제 조용히 꺼져가고 있는 중이다. 아직 옛 음식을 고수하고 있는 이들은 끝까지 고집을 꺾지 않을 것이다. 세상의 변화에 타협하는 것은 이들에게는 오랜 습관을 버리는 일만큼이나 어색한 일일 테니 말이다. 이런 음식이 새삼 미식가의 재조명을 받을 수도 있겠지만 세월은 뚜벅뚜벅 야속하게 흘러간다. 결국 이들의 고집과 음식들은 서서히 사라져갈 것이다. 타협과 사라짐. 어떤 것이 더 슬플까.

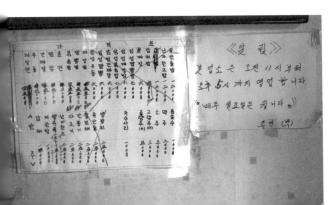

2012년 여름.
익산 국빈반점의 메뉴판.
얼마 지나지 않아
문을 닫았으니
마지막 영업의 흔적이다.

◎

손님이 없는 조용한 오후였다. 동생춘의 주인장 내외는 자신이 만든 면
으로 늦은 식사를 한다. 족발집 사장님이 점심으로 족발을 드시거나, 횟
집 사장님이 일상에서 회를 즐겨 먹는 경우는 거의 보지 못했다. 너무 많
이 먹어 물려서일 것이다. 그런데 이들에게는 여전히 살아있음을 증명하
는 관성에 따른 일상의 음식이다. 이런 분들의 옆 자리에서 동시대 황혼
의 맛을 함께 하는 것, 그것이 사라져가는 낡은 중국집에 가는 맛이다. 그
들은 변함없는 옛 맛을 즐기고 나는 미경험의 원형을 만난다. 같은 자리

에서 같은 면발을 들이켜며.

서천의 동생춘에서, 익산의 국빈반점에서, 김천의 장성반점에서, 양양의 항구반점에서, 홍성의 인발루에서, 청도의 영빈원과 임실의 태복장에서 옆자리의 노인이 천천히 씹고 있던 면발은 40년 전 그분 자녀의 국민학교 졸업식에도, 온갖 시시콜콜한 대소사에도 함께 했을 것이다. 이름 모를 노년 손님과 같은 공간에 앉아 시대를 이어온 면을 후루룩 마시면 면발로 이어지는 시공간이 느껴져서 좋다. 작게나마 이곳들의 지금 모습을 기록하는 것은 이 동네 사람들의 역사의 현장으로의 가치가 있는 작은 중국집에 대한 나름의 예우다.

: 변해버린 것들, 변해야 하는 것들 :

목포의 관해장은 리모델링을 했다. 반질반질한 나뭇결의 마루와 일부 타일은 보존한 채 깔끔한 가구와 침구를 깔았고 3층 옥상은 테라스 카페가 되었다. 밀양에 갈 일이 있어 잠깐 들러본 상록여인숙은 철거되었고 고급스러운 전원주택이 되었다. 동생춘은 아직 영업을 하고 있다고 들었지만 수많은 지방의 중국집들은 속속 문을 닫는 중이다. 코로나 바이러스의 여파는 이런 변화를 재촉했을 것이다. 변하는 것은 아쉽지만 관해장처럼 세월로 인해 사라질 수밖에 없는 공간이 탈바꿈해 누군가의 생존에 기여하

관해장은 새로운 곳이 되었지만 이 마루는 아직 빛나고 있을 것이다.
새로운 사람들과 다시 또 새롭게 늙어가고 있을 것이다.

고 다른 생명을 얻는 것은 다행이고 또 축하할 일이다.

그런데 무엇보다 달라진 것은 나 자신이다. 또 이런 낡은 곳을 찾을 패기가 아직 내게 남아 있는지 모르겠다. 이제 더 이상 데모를 하지 않듯이, 지금은 깔끔한 숙소를 찾아다닌다. 이런 변화가 나이 드는 것일까 싶다. 다만 우리 어머니를 포함한 누군가는 이런 나의 변화와 나이듦을 뒤늦은 철듦으로 알고 환호성을 지를 것이다.

이제는 없어져 가는 것들, 사라져 가는 용기, 잊혀 가는 옛 숙소에 관한 기억 한 자락이 마룻바닥처럼 빛나도록, 모험을 함께 해준 친구들과 부디 함께 잘 늙어갈 수 있도록 잘 낡아가는 것의 기억을 가슴 한편에 담아 본다.

07

함께 먹는다는 것

◎

레지던트 3년차 때였다. 근무하던 병원의 정신건강의학과 의국은 3년차 때 미국정신의학회^American Psychiatric Association 학회에 참석하는 전통이 있었다. 미국에서 열리는 가장 큰 규모의 정신건강의학 관련 학회다. 보통 교수 한 명과 레지던트 두 명이 함께 가는데, 그해에는 모종의 이유로 나 혼자 가게 되었다. 엄청난 행운이 아닐 수 없었다. 학회는 샌디에이고에서 열렸는데, 우리나라에서 샌디에이고까지 가는 직항 편은 없었다. 이 역시 엄청난 행운이 아닐 수 없었다. 나는 가보고 싶었던 샌프란시스코를 경유하기로 했고 평소 궁금했던 미슐랭 투 스타 레스토랑인 레이지 베어^lazy bear를 예약했다. 혼자이기에 더욱 그곳에 가보고 싶었다.

이 식당은 음식보다 형식이 재미있는 곳이다. 내부는 메자닌^mezzanine 구조로 되어 있는데, 먼저 입장하면 이 층으로 안내를 한다. 본 식사를 시작하기 전 여기서 간단한 스낵과 샴페인, 칵테일 등을 마시며 자연스럽게 그날의 손님들과 대화를 나누며 어우러지는 것이다. 일종의 환영 파티다. 거의 한 시간 가까이 이 공간에 머무르기에 쑥스러워도 피할 길이 없다. 말을 안 하려야 안 할 수가 없고 자기소개를 안 하려야 안 할 수 없는 분위기다. 영어를 잘하지 못해 떠듬거렸지만 고급 사교클럽에 온 것 같은 이곳 손님들은 특유의 서양식 매너로 혼자 온 나를 어색하지 않게 대해 주었다.

어떤 음식이 나올까 하는 기대에 더해 이 날 손님은 누가 있을지, 그중 누가 내 옆에 앉아 대화를 할까 하는 기대가 더해진다. 이곳의 시스템에 의해.

음식은 다소 유행이 지난 스타일로 명성에 비해 평범했지만
이 분위기를 해치지 않고 잘 받쳐주는 것만으로도 족하다.

이후 일 층으로 내려간다. 이 층에서의 시간이 손님들끼리의 파티였
다면 여기서부터는 요리사가 진행하는 쇼가 시작된다. 기다란 공용 테이
블communal table이 두 줄로 배치되어 있고 손님들은 예약 시에 정해진 자리
에 앉아 또 새로운 사람들과 섞인다. 손님들은 주방에 들어가 음식 만드
는 것을 볼 수도 있고 셰프는 연신 테이블을 오가며 대화하는 등 경계가
없다. 셰프는 코스의 새로운 음식이 나오면 앞에서 손님들을 집중하게 하

고 설명을 하며 박수를 유도하기도 한다. 함께 모여 앉아 자유롭게 질문하고 이야기하고 환호성을 지르며 식사를 하는 것이다. 사람들은 이 식당의 시스템을 커뮤널 다이닝communal dining이라고 부른다.

이곳은 300달러가 넘는 비용을 지불해야 하는 고급 레스토랑이다. 그에 맞게 방문하는 손님들도 고급스럽고 부유해 보였다. 분위기는 샌프란시스코 특유의 사교적이고 자유로운 기풍을 그대로 반영한다. 그런데 이 식당의 핵심은 공용의 공간과 테이블, 그리고 우연한 어울림이다. 공용 테이블의 힘은 놀라웠다. 공간이 사람들을 더욱 사교적으로 만들고, 상호 구분이 없는 테이블과 직원들의 움직임은 내 일행, 네 일행이라는 배타적 경계를 효과적으로 희석시킨다. 공용이라는 틀 위에 손님들의 우연한 어울림이라는 극적인 장치를 얹자 식사의 묘미는 극대화된다.

： 혼밥과 밥터디 ：

우리나라에도 소셜 다이닝social dining의 유행이 미디어를 휩쓴 적이 있었다. 거리낌 없는 혼밥의 시대지만 동시에 대인 관계에 일반적으로 따르는 의

무를 내려놓고 한 끼니 단위로 사람과 함께하고 싶다는 열망이 SNS를 타고 생겨난 것이다. 고시생들이 시작한 '밥터디'는 소셜 다이닝의 시초인지도 모른다. 우리는 혼자 먹어도 거리낄 것은 없지만, 늘 혼자여야만 하는 것은 아니다. 깊은 관계가 아니면 어떠한가. 늘 먹는 밥 한 끼가 그리 복잡하고 깊이 있어야만 할 일도 아니다. 대부분의 시간을 혼자 견뎌내더라도, 그 자체로 당당하더라도 가끔은 혼자가 아니어도 되는 선택지는 손쉽게 잡을 수 있어야 한다.

산업화시기에 태동한 대도시의 직장은 사람들에게 거대한 자석과 같았다. 과거에 일자리가 외부에서 끌어당기는 자기력磁氣力으로 작용해 사람과 끼니를 밖으로 끌어냈다면, 지금은 외로움이라는 자기력이 내부에서 작용해 사람들을 집에서 밀어낸다. 특히 1인 가구의 경우 점차 집의 의미는 축소되고 집에서 발생하는 외로움의 척력斥力과 거리의 인력引力이 작용해 자연스럽게 사람들을 밖으로 불러낸다. 그렇게 우리는 지금 밖에서 사람들과 밥을 먹는 외식 인류가 되었다. 그러다 문득 코로나 바이러스의 시대를 맞게 되었다. 우리는 집에서 밀어내는 자성과 감염 예방을 위해 집으로 들어가라는 압력에 끼어 짜부라지기 일보 직전의 상태다. 코로나 시대 사람들, 청년들의 스트레스는 거대한 자석의 N극과 N극 사이에 끼인 것에 비견될 것 같다.

　코로나 바이러스의 유행으로 주춤해졌지만 외로움에 대한 반발과 어울림에 대한 열망을 바탕으로 가히 먹는 모임의 전성시대다. 어쩌면 '일상적 집밥 vs. 외식'으로 구분되었던 식생활 구도는 젊은 층을 중심으로 '일상적 혼밥 vs. 함께 먹는 번개 모임'으로 재편되고 있는지도 모르겠다. 과거 지겨운 집밥의 반대급부가 외식이었다면 현재 지겹도록 혼자 먹는 것의 반대급부는 모여서 먹는 것이니 자연스러운 흐름이다. 이 현상은 한없이 가벼워 보일 수도 있지만 식문화의 구도가 식사 장소(집이냐 식당이냐) 중심의 구분에서 사람과 관계 중심의 정서로 변화한다는 점에서 그냥 놀이로 보기엔 진중하고 또 절박하다. 우리는 왜 함께 밥 먹는 것을 열망하는가. 아직 미완성의 형태지만 굳이 힐링이고 치유고 나발이고 할 것 없이 그냥 함께 밥이나 먹는 문화가 생기는 것은 혼밥 시대 젊은이들의 자생적 자기 보완처럼 보인다.

　사람들이 함께 모이는 것은 원시 인류의 시대부터 그저 당연한 일이었지만 지금은 그렇지 않다. 당연한 것이 당연하지 않게 되었을 때, 기존에 당연했던 것은 일부만 향유하는 특권으로 남는 것이 아니라 보편적 권리가 되었으면 좋겠다. 혼자 있지 않아도 되는 권리. 그 권리의 필요성을 인식하고 함께 밥 먹는 모임을 스스로 만들어가는 모습은 젊은이들의 작은 혁명이라고 생각한다.

참다 참다 굳이 혼자이고 싶지 않은 날 만큼은 쉽게 혼자가 아닐 수 있으면 좋겠다. 그 방법이 샌프란시스코의 고급스런 디너파티뿐만 아니라, 다양한 공간에 있는 다양한 공용 테이블에서 생겨나길, 모르는 사람이 아는 사람이 되고 함께 식사를 나누는 유쾌함을 더 쉽게 만날 수 있기를 바라본다. 멀리 갈 것도 없이 여행길의 밥상머리에서 우연히 얼굴을 맞댔던 사람들과 그 식탁에 대한 기억은 우리나라에도 있었다.

: 한없이 가벼운 외로움 :

혼자 여행을 할 때가 있다. 같이 갈 친구가 없기 때문일 수도 또 그때는 꼭 혼자이고 싶어서일 수도 있다. 하지만 혼자이고 싶었더라도 여행길에 생기는 동행은 늘 반갑다. 떠나는 순간 바로 외로워지기 때문이다. 여행은 원래 그런 것이지만.

혼자 나주에 간 적이 있다. 개강을 앞두고 답답함을 이기지 못한 나

낡고 허름한 식당 같지 않은 식당, 송현불고기.
불고기보다는 이 분위기를 먹고 싶었는지도 모른다.
슬레이트 지붕을 덮은 단층의 가게다.

는 카메라 하나만 덜렁 들고 개강 직전 주말 기차에 올랐다. 당시 좋아하던 여행지였던 목포에 1박2일의 여정으로 가기로 마음을 정했다. 기차를 타고 가다 문득 곰탕과 불고기가 먹고 싶어 덜컥 나주역에 내렸다. 나주는 곰탕으로 유명한 동네다. 나주 향교 시장 인근에 전국구로 이름난 가게들이 여럿 모여 있다. 보통 설렁탕은 뼈를 고아 진하게 끓인 것을, 곰탕은 맑은 고기 국물을 일컫는다. 설렁탕은 전국에 퍼져 있지만 곰탕은 주로 서울에서 먹고 지역의 신생 곰탕집도 서울식의 변형이 많다. 독자적인 자기 색의 곰탕을 가진 곳은 나주가 거의 유일하기에 일부러 들러 경험해 볼 만하다. 국물을 뜨니 개강을 앞두고 밤잠 설쳐가며 첫 차 타고 내려온 노곤함이 뜨끈한 국물과 뭉텅뭉텅 썰어낸 고깃결에 가신다. 천천히 걸어 염두에 두었던 동신대학교 인근의 송현불고기에 갔다.

석쇠에 구워내는 돼지고기는 전국 어디에나 있다. 허나 이곳은 낡고 허름한, 식당 같지 않은 식당이다. 혹자는 이곳의 외관을 보고 '유령 식당'이라고 부르기도 한다. 그러나 유령이라고 부르기엔 지역 사람들의 활

력이 넘치는 곳이다. 이런 곳에서 불고기를 먹는다는 것은 그 자체로 이색적인 경험이다.

영업을 막 시작한 아침 시간인데도 작은 가게가 북적거린다. 고기를 팔지 않을 것 같은 곳에서 고기를 파니 좋고, 이른 아침부터 고기를 파는 것도 좋다. 현장감과 색다름이 함께 있어 많은 이들이 이곳을 좋아하는 것 같았다. 가게는 작은 슈퍼를 겸하고 있었다. 불고기를 주문하면 뒤쪽 작은 마당에서 주인할머니가 석쇠에 고기를 올려 연탄불에 구워낸다.

한 접시에 팔천 원 하는 고기를 시키고 소주 한 병을 청했다. 주인은 나를 흘낏 보더니 참이슬을 가져다준다. 이 동네 것으로 하겠다고 보해 잎새주로 바꿨다. 그 동네에서 그 동네 소주를 마시는 것은 오랜 철칙이자 습관이다.

구석진 자리에서 소주를 꼴깍꼴깍 따르며 고기를 먹었다. 고기도 맛있지만 분위기 맛, 아침부터 왁자지껄 고기 드시는 분들 구경하는 것이 더 맛있다. 반 정도 먹었을까, 옆 자리에서 나를 보던 아저씨 두 분이 소주 한잔 따라줄 터이니 자리로 오란다.

'내가 불쌍해 보였나? 난 괜찮은데.'

고기 맛이 어떠냐고 물으시고는 몇 마디 대화를 나눴다.

"아따 내 말이 맞아부렀네. 말하는 거 들어 보니 여짝 사람이 아니여. 거봐 아니잖여."

타지 사람이 굳이 참이슬을 무르고 여짝 소주를 시키는 것이 보기 좋으셨다고 했다. 별것도 아닌데 그리 말씀하시니 민망했지만 상대의 호의는 고마운 법이다. 나도 한잔 따라 올리겠다고 하고 어쩌다 보니 아예 자리를 옮겼다. 아저씨, 아니 형님들은 여행길 추억이라 생각하라며 내가 주문한 고기 한 접시 값을 치러 주시겠단다. 술이 몇 순배 돌고 왜 여기서 혼자 고기를 먹고 있는지 등 시시콜콜한 질문에 답을 했다. 이제 어디로 갈 것인지 묻기에 목포에 갈 계획이라고 말했다. 기차 시간이 다 되어 인사를 드리고 일어나려는데 목포에 가지 말고 같이 광주로 가서 소주 한잔 더 하자고 하신다.

'처음 본 사람들과 지금 갑자기 광주…로?'

갑작스런 제안에 신장, 안구, 심장 등 내가 아는 모든 이식 가능한 장기의 이름이 머릿속을 스친다. 내가 머뭇거리사 신분증을 꺼내 보여주신다. 두 분 다 경찰이다. 놀란 콩팥을 쓸어내렸다.

감사하지만 조금은 부담스러운 제안, 이런 걸 거절하는 것을 잘하지 못한다. 심지어 신분증까지 보고 거절하는 것은 무례하고 매몰찬 행동이라고 생각했다. 아침부터 취한 뇌는 그렇게 생각했다.

그렇게 셋은 광주로 갔다. 차에서 잠깐 잠이 들었다 깼지만 여전히 콩팥은 무사했고 자동차는 이미 광주 금남로를 지나고 있었다.

광주에서는 어디서 술을 한잔 하게 될까, 불고기 얻어먹은 것도 있으니 이번엔 내가 사고 싶은데, 무례하게 보이지 않으면서 자연스럽게 음식값을 치르려면 어떻게 해야 할까 등을 생각했다. 그때 두 분 중 큰 형님이 전화를 한다. "지금 세 명 가고 있어, 금방 도착해. 명절 때 남은 전이랑 해서 술상 좀 봐 놔." 간결한 세 문장. 수화기 건너편에서 형수님으로 보이는 여성의 목소리가 들린다. 술상을 봐 놓는 것에 대해서는 질문이 없는데 도대체 왜 세 명인지 묻는다. "응 오다가 동생 만났어야." 그걸로 끝이었다. 걱정하지 말고 편하게 먹고 가라고 하는데 마음이 편하지 않았다. 이 민폐를 어째야 하나 머릿속이 복잡했다.

단층의 작은 주택이었다. 건물 왼쪽의 외부 계단을 따라 올라가면 녹

색 방수페인트를 칠한 옥상이 있었고 집 안에는 주방에 연결된 작은 거실, 형님 내외와 아직 세 돌이 넘지 않아 보이는 아기가 자는 안방, 그리고 작은 방이 있었다. 형님의 친구까지 합세해 여섯 명이 작은 거실에 몸을 반쯤 돌린 채 비집고 앉았다.

설이 지난 직후라 전과 잡채 등을 놓고 소주를 마셨다. 이래도 되는 건가 싶었지만 형수님께서는 집에서 먹으니 자기도 한잔 할 수 있어 좋다고 하셔서, '에라 모르겠다' 하는 심정으로 눌러앉아 놀았다. 삶의 모습은 다양하고 다 내 기준으로 판단할 수는 없으니까.

누가 봐도 단출한 살림이지만 마음이 넉넉한 것이 느껴지는 광경이자, 사람이 모이는 곳에 복이 있다는 말이 와 닿는 자리였다. 약 두어 시간이 지났을까. 다 같이 웃고 떠들며 이야기하다가 결국 형수님께 걸렸다. 나는 형님이 오래 알고 지낸 동생이 아니라 그날 아침 나주의 불고기집에서 처음 만난 사람이라는 것을. 그리고 그곳에서 잠을 잤다.

처음 보는 사람에게 방까지 내어줄 만큼 진심 어린 환대다. 그러나 마냥 좋지만은 않았다. 여행길에 우연히 만나는 행운으로 치부하기에는 내가 그런 대접을 받을 만한 사람인가 싶어 마음이 무거웠다. 돌아오는 버스에서 거실에서 점퍼를 입고 주무시던 형님이 아른거려 내 행동이 민폐가 아니었을까, 왜 나는 집에서 나오지 못하고 거기서 잤을까 생각했다.

외로워서였을 것이다. 호기롭게 혼자 길을 떠났지만 채 하루를 견디지 못한 한없이 가벼운 내 외로움. 그새 사람과 이야기를 하고 싶고 밥상머리에 함께 둘러앉고 싶은 마음. 서울에서 늘 어울리는 친구들과 마주하는 것과는 또 다른 그 무언가. 일상에서 채우지 못하는 그 미묘한 외로움. 그것을 찾아 지방을, 낯선 곳을, 또 모르는 곳을 그리 헤매었던 것 아닐까.

: 점유가 공유가 되는 순간 :

가끔 지도를 펼쳐놓고 전국의 시군 단위 중에 아직 가보지 못한 곳이 어디인지 찾아보곤 한다. 영양군, 성주군을 제외하고는 대부분의 지역에 가본 것 같다. 그런데 넓은 지역의 일부에 잠시 들러본 것만으로 거길 가봤다고 할 수 있을까. 아무리 수박 겉핥기식 여행이라지만 1박조차 하지 않은 곳을 '머물러봤다' 할 수 있을까 생각해보면 정말이지 모르는 것도 가보지 못한 곳도 여전히 많다.

종종 시골 버스 터미널에서 야막리, 율치리, 당두리처럼 이름조차 몰

두개의 돌산이 말의 귀를 닮아 마이산이다.
진안역사박물관이나 사양저수지에서 보면
두개의 말 귀가 선명히 보인다.
산 내부에서는 돌을 쌓아놓은 마이탑사를 지나
트래킹하는 재미가 좋다.

랐던 작은 면, 리 단위의 이름이 씌어 있는 낡은 버스를 본다. 버스 안에는 출발을 기다리는 이름 모를 사람들이 있다. 우리나라만 해도 아직 느껴보지 못한, 당도할 수 없는 수많은 장소에 수많은 삶이 있는 것이다. 무언가를 경험해봤다고, 무엇을 안다고 말하는 것이 어렵다는 것을 새삼 느낀다. 서울에 살아도 서울을 모르고, 평생을 함께 살았어도 아버지는 어머니를 잘 모른다. 결국 전부를 알 수는 없는 노릇이지만 다른 동네와 다른 이의 삶과 생각을 궁금해 하면서 사는 것, 가능하다면 한 발 더 들어가 보는 것, 그곳에 비친 나를 만나는 것. 어쩌면 여행은 떠나는 것이 아니라 그냥 살아가는 태도일지도 모르겠다.

　　예전에 마이산을 구경하고 애저찜을 먹으러 전라북도 진안에 간 적이 있다. 동네 냄새만 맡고 돌아온 셈이다. 그래서 이번에는 진안에 진짜

로 가보기로 했다. 하룻밤을 묵은 이유다.

진안읍은 군청 소재지지만 작은 동네이다. 작은 개천을 따라 시장이 있고 버스 터미널에는, 역시나 롯데리아도 하나 있다. 전국 중소도시에 체인을 가장 촘촘히 깔아놓은 패스트푸드 업체는 롯데리아다. 찾아보니 지방에는 전남 신안군, 경북 군위군, 청송군과 영양군을 제외하면 모든 곳에 롯데리아가 있다. 심지어 울릉군에도 있다고 한다. 맥도날드와 버거 킹에 비해 맛으로 혹평을 받지만 이마저도 없으면 시골의 아이들은 햄버 거를 먹으러 도시로 나와야 한다. 누구에게나 동등한 선택지가 있는 것은

아니다. 하지만 우리 하이에나 성체들은 햄버거에 눈길을 주지 않는다. 푸근한 소주방이나 하나 있으면 좋으련만….

진안읍 오거리에서 길을 따라 걷다 왼편 골목에서 새어 나오는 불빛에 발걸음을 멈췄다. 뭘 파는지도 모르겠지만, '바로 여기다!'

드르륵 문을 열자 여러 개의 또렷한 시선이 우리에게 꽂힌다. 느낌으로 안다. 이것이 배척인지, 이방인의 등장을 신기해하는 것인지.

들어가 보니 탁자는 딱 두 개였다. 하나는 요즘은 보기 드물게도 타일로 만든 것이었고 하나는 나무였다. 조금 더 큰, 타일로 된 탁자 쪽에서 어느 분이 주섬주섬 막걸리와 접시를 구석으로 옮기며 자리를 내어준다. 이곳에서는 늘 익숙한 합석인가 보다.

주인과 손님들에게 살짝 목례를 건네고 자연스럽게 자리에 앉았다. 가게 내부에는 메뉴가 없다. "뭐 주랴?"는 질문에 "소, 소주 하나랑 마, 막걸리요"라고 답하니 알아서 안주가 나온다. 옛날 대폿집들처럼 그냥 아무나 들러 주인장 할머니가 해놓은 반찬거리에 한잔씩 마시고 가는 곳이다.

이런 대폿집들은 전국 곳곳에 생각보다 많다. 막걸

왼편 골목에서 새어 나오는 불빛에 발걸음이 멈췄다.
'바로 여기다!'

밥하다 생긴 누룽지도
이곳에선 훌륭한 안주가 된다.

리를 시키면 특별한 안주 없이 김치 한 보시기 정도 내주는 식이다. 이와
달리 주인 할머니께서 드시는 반찬들까지 같이 내주는 이곳은 생활공간
과 상업공간의 경계를 절묘하게 허문다. 손님들이 먹을 것을 가져와 주인
과 나눠먹기도 하니 손님과 주인의 경계도 희미하다. 작은 공간 아래 반
찬, 안주, 손님, 주인이 버무려져 특별한 시스템 없이도 능청스럽게 돌아
간다.

　　계란프라이는 따로 주문했다. 네 개나 해주셔서 우리에게 자리를 내
어준 옆 자리의 혼자 계신 손님께 두 개를 건넸다. 그랬더니 그중 하나는
다시 옆 테이블로 넘어간다. 자연스레 함께 나눠 먹는다. 어쩌다 우연히
이 시간에 이 동네의 이 술집에서 함께 있다는 이유로. 서슬 퍼런 점유가
동시대성 앞에서 공유가 되는 것을 목격하는 순간이다. 이어서 술도 한잔
따라드리니 이것저것 물으신다.

"야들 서울서 왔디야!"

"그랴? 여 와서 같이 한잔혀."

혼자 오신 분도 계시고 서너 명이 오신 팀도 있지만 이 동네에서는 얼추 다 아는 사이인 모양이다. 가게의 탁자는 두 개였지만 이제 하나가 되었다. 계란을 나눠준 것에 대한 답례로 술을 사 주시겠다고 하신다. 흔쾌히 감사하다고 꾸벅 인사를 드렸다. 과도한 겸양보다는 상대의 표현을 존중해야 할 순간이다. 분위기를 맞추며 그분들이 나누는 이야기를 들었다. 약 4년 전의 그날, 거기서 무슨 대화를 했나 생각해보는데 잘 기억이 나지 않는다. 부모님의 치매와 우울증에 대해 질문하신 분이 있었고, 대선 직전이라 정치인들의 이름이 나왔던 것도 같다. 젊음과 여행할 수 있는 자유가 부럽다는 말씀도 하셨고, 어디서든 빠질 수 없는 그분들 소싯적 이야기도 하신 것 같다. 잘 기억이 나지 않지만 즐거웠던 것만은 알겠

김치, 콩나물무침과 같은 반찬들, 흑돼지볶음 그리고 계란프라이.
흰자로 가려져 있지만 속을 찌르면 노른자가 왈칵 쏟아져 나오는 절정의 계란프라이 솜씨에 나도 왈칵 놀랐다. 더 이상의 안주는 필요하지 않다.

어느 분일지 모르겠지만 이날 저녁 이 햄에 막걸리 드실 분도 즐겁고 편한 시간을 보내시리라 생각하니 내가 뭐라도 한 것마냥. 그럭저럭 괜찮은 인간인 것마냥 순진한 생각이 든다. 그렇게 느낄 수 있는 기회를 주는 것이 이 식당의 진짜 매력이 아닐까.

다. 그날의 대화를 기억해내려 안간힘을 쓰다 그만두었다. 골치 아픈 것도 많은데 시시콜콜한 것 따질 것 없이 그저 명쾌하고 좋은 하루로 사진 한 장처럼 남는 것도 때로는 괜찮을 것이다.

자리를 뜰 사람은 뜨고 남아 있을 사람은 남는다. 한 명이 나가면 주인과 손님 모두 또 보자고 인사한다. 아마 특별한 약속 없이도 그들은 수일 내에 또 여기서 마주칠 것이다.

그렇게 진안에서 하룻밤을 묵었다. 이제 서울로 돌아가야 한다. 신기

루처럼 즐거운 주말이 지나고 다시 현실이
눈앞이다. 하지만 깨면 끝나는 꿈과 달리
이 신기루는 한 번 더 잡을 수 있다. 아직은
집이 아니니까. 버스 타기 전, 점심 무렵 다
시 왕대포를 찾았다.

　슈퍼에 들러 햄을 몇 통 사 주인 할머
님께 건넸다. 아마 이날 저녁에 오신 손님
들의 안주로는 햄이 올라갈 것이다.

　옆 자리에서 국수 드시던 분께 햄을 건
네니 막걸리를 한잔 따라 주신다. 주인장
은 얘들 어제도 왔었다고 한마디 거든다.
주인과 손님에게 진안에 또 놀러 오라는 인사
를 받고 버스를 탔다. 여행길의 마지막은 늘 아쉬움의 감정을 혼자 처리
해야 한다. 그러나 진안에서는 배웅 인사를 받을 수 있어서 좋았다. 그저
여기에 왔었다는 이유만으로.

　왕대포의 실내에는 읽고 고를 수 있는 메뉴는 없지만 읽고 새길 문구
가 담긴 액자가 있다. 잘 다져진 오솔길 같은 이 집이 없어지지 않았으
면 좋겠다. 내게는 샌프란시스코의 레이지 베어보다 훨씬 더 멋진 식당
이었다.

: 옥산집의 공용 식탁 :

서천에 갔을 때의 일이다. 기차 시간이 남아 동네를 어슬렁거리는데 작은 주막이 보인다. 옥산집이다. 문을 열어 보니 연세가 지긋하신 주인장이 혼자 손님을 맞는다. 장사를 하는지 안 하는지 몰라 여쭤 보니 그냥 들어오면 된단다. 여기도 왕대포처럼 잔으로 막걸리를 팔고, 안주는 그날 있는 반찬을 내어주는 식이다. 멸치에 고추장이면 충분한데 주섬주섬 음식들이 나온다. 도토리묵에 육개장까지 있으니 대폿집보다는 식당에 가깝다. 이걸 그냥 다 안줏거리로 내어주셔서 대폿집일 뿐.

거의 90세가 다 되신 주인 할머니와 함께 늙어가 초로의 나이에 접어든 식당은 보통 영업일이 규칙적이지 않다. 손님의 방문을 귀찮아하면서

장사에 소극적인 경우도 있어 눈치를 보게 되는데, 옥산집의 김막순 할머니께서 주섬주섬 반찬을 꺼내 주시는 손길에는 가벼운 흥이 묻어난다. 혼자 있으니 늘 여기서 하릴없이 손님을 기다린다고 하셨다. 우리에게 반찬을 차려준 후 본인의 밥을 푸시고는 손님이 온 김에 나도 식사를 해야겠다고 말씀하신다. 그렇게 손님과 주인, 세 명이 오래된 주막집의 밥상에 마주 앉았다.

조끼가 예쁘다고 말씀드렸더니 선물해준 아들이 효자라고 자랑이 한창이다. 사진을 찍어드린다고 하니 늙은이 사진 뭐가 보기 좋으냐고 하시지만 좋아하시는 눈치다.

한때는 이 지역의 사랑방으로 사람들이 북적이는 장소였다고 했다. 지금은 동네 아저씨들이나 가끔 들르는 모양이다. 주인장은 늘 가게 문을 열어놓아야 자기에게 무슨 일이 생겨도 사람들이 알지 않겠느냐고 하셨다. 사람들이 종종 들러야 대화도 하고 같이 식사할 힘도 나신다고, 혼자 밥 먹으면 영 맛이 없다고 하셨다. 함께 밥 먹는 것에 대한 원초적 열망은 젊은이건 노인이건 손님이건 주인이건 마찬가지다. 할머니는 사람들을 그리워한다. 옥산집 할머니는 손주들이 언제나 한번 찾아 올까나 늘 자식들을 그리워하는 우리네 할머니들처럼 사람들을 그리워한다. 그렇게 이

식당에 '집'이라는 이름을 붙인 곳을 종종 본다.
이곳은 머무는 시간의 차이만 있을 뿐 주인에게도
손님에게도 모두 집이라는 느낌을 준다.

둘러앉음으로써 손님과 주인의 경계,
반찬과 안주의 경계가 허물어지는 밥상.
단출해 보이지만 이보다 복합적인 식탁의 풍경이 있을까.

곳에 있으면 우리는 자식이 되고 손주가 되고 옥
산집은 각자의 할머니댁이 된다.

하지만 옥산집 할머니는 우리 할머니처럼
더 있다 가라고, 하룻밤 자고 가라고 막무가내
로 붙잡지 않으신다. 나는 할머니댁에서 나올
때 가지 말라고 붙잡는 순간이 가장 싫었다. 너
무 슬프기 때문이다. 옥산집에서는 이렇게 노
인 혼자 있는 가게에 와줘서 고맙다고 감사를
건네며 막걸리 한잔 하는 동안의 대화, 그 시간
동안 함께 하는 우연한 한 끼니로 맺는 인연에
서 부드럽게 멈춘다. 그리하여 할머니가 표현
하는 사람에 대한 그리움은 인간적일지언정 슬프지는 않다. 문을 연 순간
부터 문을 닫고 나갈 때까지 자신의 감정과 객들과의 마음의 거리를 조절
해 손님들에게 따뜻한 감상만 남게 만드는 것이다. 정이 넘치지만 절절한
외로움은 넘치지 않도록 절제하기까지 얼마나 단련이 되셨을까 싶다.

들어올 때부터 갈 것을 아는 것. 그래서 들어와 있는 동안의 시간에
전념하는 것. 지금 그리고 여기에 집중하는 옥산집의 밥상은 그래서 더

성숙하고 건강했다. 우리는 기차 타기 전까지의 시간을 꽉 채워 함께 밥
상에 앉았고 헐레벌떡 뛰어서야 기차역에 도착했다.

◎

여행길에 우연히 만난 사람들과 함께 둘러앉은 추억을 다시 곱씹어본다.

코로나 바이러스 창궐의 시대에 모르는 사람까지 합세해 함께 둘러앉는 것은 구시대의 유물처럼 보인다. 우연한 동행은 안전하지 않은 위험한 선택에 가깝다. 그러나 신선한 모험은 기억과 추억에 더할 나위 없는 양념이 되기에 우리는 여전히 구시대의 유물을 잡는 여행을 그리워한다.

허나 모든 관계의 시작은 아마 우연이 섞인 갑작스런 동행에서 시작되었을 것이다. 오래 알고 지낸 사람들도 시간이 지나 익숙해져 과거의 우연이 희미해진 것일 뿐이기에 딱히 우연과 필연을 구분 지을 것도 아니다. 우연이 주는 강한 자극도 좋지만 오래 씹어야 단맛이 느껴지는 쌀밥처럼 곁에 있는 지겨운 인연들을 다시 한 번 꼭꼭 씹어보는 것, 지금 그리고 여기 옆에 있는 사람들과 마주보고 밥 한 끼 하는 것. 이 관계의 처음의 긴장감, 우연함을 다시 느껴보는 것이 이 시기에 마음으로 떠나는 정적인 모임, 여행일지도 모른다.

옥산집의 할머니는 몇 해 전 소천하셨지만 그렇게 끼니를 함께하는 것의 의미를 옥산집의 공용 식탁을 몸소 지키시며 보여주신 것 같았다. 할머니는 손님을 그리워하셨지만 아마도 할머니를 그리워하는 손님들이 더 많을 것이다.

08

화해 그리고 만남

: 외식 계급 :

어느 지역을 가나 '백반'이라는 이름으로 파는 음식이 있다. 대략 밥과 국에 반찬들이 나오는 정식이나 가정식을 지칭하는 표현으로 이해한다. 한자로는 白飯이니 단어의 뜻만 봐서는 흰 쌀밥 자체를 말한다. 쌀밥이 주인공이고, 그 한 공기를 비울만 한 반찬들로 이루어진 한상 차림인 셈이다. 반찬을 밥 한 공기를 비우도록 돕는 역할로 한정해 생각해보니 전통적 밥상 안에서의 쌀밥의 지위가 새삼 놀랍다.

사실 가정식은 원칙적으로 집에서 먹어야 하는 음식이다. 하지만 가정식은 여러 가지 이유로 외식 시장의 중심에 자리해 왔다. 농경 사회에서 밥은 늘 가족들과 집에서 먹는 것이 당연한 것이었고, 이후 장돌뱅이

들을 위한 주막처럼 상인과 시장 중심의 외식 문화가 태동했다. 이어 산업화가 진행됨에 따라 집 밖에서도 일상의 끼니로의 식사가 필요한 사람들이 생겨난다. 이는 특식으로의 외식 개념이 아니라 일상적 식사의 외주화外注化가 시작되었다는 것을 의미한다. 노동 계급의 또 다른 말은 외식 계급이며, 여기서의 외식은 호사스러운 특식이 아닌 백반에 다름 아니다.

산업화는 가정에서 사람을 끌어냈고, 자연스럽게 가정식도 시장으로 불러냈다. 즉 상업 백반의 원형은 집에 있는 것이며 집밥은 시장에 나오면서 경쟁과 효율을 추구하는 장사 자체의 특성에 기반한 모종의 변화를 거친다. 그리하여 최불암 씨가 진행하는 유명 TV 프로그램인 〈한국인의 밥상〉은 식당보다 지역의 가정 방문에 치중하며 가정 백반의 원형을 찾으려 한다는 점에서 의미가 있고, 반대로 〈허영만의 백반기행〉은 시장으로 호출된 백반 문화를 다룬다는 점에서 비교 시청의 가치를 가진다.

어렸을 때 아버지의 월급날 외식을 하는 것은 특별한 일이었다. 여기서의 외식은 물론 백반이 아닌 특식이다. 아버지가 한 달 내내 외주화된 백반을 점심으로 드시며 번 돈으로 우리는 한 달에 한 번 백반을 벗어나 돈가스니 탕수육이니 하는 것들을 먹을 수 있었다. 가장의 스물네 끼니 집 밖의 밥이 가족들의 한 번의 집 밖의 경양식 돈가스로 교환되는 셈이다. 아버지는 노동과 함께 집과 닮아야 가치를 가지는 (그러나 집이 아니기에 완전히 닮을 수는 없는) 모사模寫 집밥을 견뎌낸 결과로 가족에게 집에서 못 먹는 음식이어야 가치가 있는 외식을 제공한다. 그리고 돈가스에 환호하는 아들의 모습에 다시 또 묵묵히 스물네 번의 외식을 감내하기를 반복한다. 나의 외식과 가장의 외식은 의미가 달랐다. 당신들은 당시 어떤 풍경 속에서 점심을 드셨을까.

내가 자라온 시기와는 차이가 있지만 아마 사진 속 풍경이지 않을까 싶다. 1973년에 시행한 표준식단제 때문에 단출한 반찬이 눈에 띈다. 그래서인지 식사하시는 분들의 표정이 그리 밝지 않아 보인다. 일하는 하루 중에 그나마 웃고 떠드는 시간이 점심시간일 텐데….

아버지는
어떤 풍경 속에서
어떤 점심을
드셨을까.

가정식 백반은 존재의 원형이 확실하다. 따라서 집을 벗어났다는 것만으로도 한계가 명확하기에 시장의 것은 한없이 부족해 보였을 것이다. 부모님들이 집에서 밥을 먹어야 건강해진다고 맹목적으로 믿는 것은 영양학적 지식이라기보다는 일단은 원형에 대한 믿음이 우선일 것 같다. 실제로도 집 밖의 백반은 여러 가지 이유로 원형에서 더욱 멀어져 간다.

70년대 외식 계급의 음식인 백반은 식생활의 개선과 불필요한 반찬의 낭비를 막는다는 캐치프레이즈 하에 표준식단제의 관리를 받는다. 가난과 유신 독재의 합작은 밥을 담는 그릇의 재질과 크기와 밥의 양을 규정했고 반찬의 가짓수도 줄였다. 조촐한 식사를 하는 서민 가정 집밥의 원형을 굳이 보존하려는 시도는 아니었을 것이다. 결과적으로 규제를 통해 반찬 가짓수보다 더 중요한 인정과 푸근함이라는 백반의 심리적 원형에 대한 공격으로 자리매김하게 된 것이 가장 아쉽다. 이 정책의 성과를 굳이 따지자면 지금까지 널리 쓰이는 공깃밥이라는 단어를 태동시켰다는 것 아닐까. 당시 정권의 성격에 대한 이야기를 떠나 백반이라는 음식의 사회적 성격을 보여주는 대표적인 장면이다.

이후 올림픽과 개방의 물결을 거치며 외식 시장은 점차 성장했고, 외식이라는 단어는 백반으로 대표되는 노동자의 끼니보다는 자랑할 만한 특식을 의미하는 단어로 변화했다. 낡고 촌스러운 백반은 여전히 누군가의 끼니였지만 나와 내 또래는 그 시기에 유년기를 보냈기에 외식은 분명 선망의 단어였다.

가족끼리 뷔페에 다녀온 친구의 경험담은 황홀한 동화 속 세계였다. 학급 반장 선거를 앞두고 함박스테이크와 파스타를 사주는 친구들에게 (사실 이건 금권선거지만) 나는 기꺼이 한 표를 던졌고(마음 같아선 두 표를 던지고 싶었다) 생일 날 친구들을 불러 김밥과 떡볶이를 차려주는 엄마보다 KFC에서 치킨을 사주는 친구의 엄마가 부러웠다. 어른이 되어서는 싸이월드에서 공부한 대로 TGIF에서 유창하게 주문을 했고, 홍대에서 빵 안에 크림소스를 가득 담은 파스타를 먹으며 여자 친구 앞에서 우쭐대기도 했다. 촌스러운 백반은 내 관심 밖의 것이었다.

세월이 흘러 표준식단제는 과거의 유물이 되었고 이제는 과유불급이라 할 만큼 풍성한 반찬들이 쟁반 위를 수놓는 시대가 되었다. 그러나 누군가의 끼니여야만 하는 생활식으로의 백반은 가격이라는 테두리를 벗어나지 못한다. 그래서 무언가 늘어나려면 다른 무언가가 줄어야 한다. 반찬 가짓수 늘리기에 희생되는 것은 아이러니하게도 백반의 주인공인 밥이었다. 미리 지어 소분해 온장고에 넣은 스테인리스 밥공기는 맨 손으로 잡으려면 한판 댄스라도 춰야 한다. 스텐 공기 안에서 열이 살아 숨 쉬고, 숨은 죽어버린 밥을 보며 난 백반을 경멸했었다. 생각 없이 내는 반찬에 목숨을 거는 주인과 가짓수에 집착하는 손님의 합작으로 오히려 한식의 근본인 밥이 망가진다며 아는 척을 하고 잘난 척을 했다.

그렇게 자라 나도 당시 아버지의 나이가 되었다. 아버지도 나도 백반도 변했다. 나는 아버지의 나이가 되었지만 아버지가 되지는 못했다. 혼자 사는 삶이다. 집을 떠나 온전히 혼자 살다 보니 치킨이니 햄버거니 파스타니 하는 것으로 식생활을 전부 채울 수 없다는 것을, 한때 선망의 대상이었던 음식이 정작 일상이 되는 것이 나름 괴로운 것임을 알아가는 중이다. 산업화와 개발의 시대에 아버지가 외식 계급이었다면 혼밥족인 나 그리고 우리는 외식 인류다. 맛있는 것을 많이 찾는 나에게 혹자는 미식가라는 레테르를 붙이지만 나의 정체성은 그저 모든 것을 사먹어야 하는 '외식가'일 뿐이다.

마치 아버지가 점심에 조금이라도 맛있는 백반집을 찾기 위해 을지로나 마포를 기웃거린 것처럼, 나도 맛있는 백반을 찾아 돌아다니기 시작했다. 특식을 위해 백반을 견뎌내는 것이 아니라 백반을 있는 그대로 즐겨보고 싶어졌다.

: 제육볶음과 계란프라이 :

외로움은 정작 시간이 주어질 때 모습을 드러낸다. 노곤함은 휴식이 찾아올 때 그 그림자를 더 선명히 드러낸다. 혼자 집으로 향하는 퇴근길, 함께할 집밥이 필요한 시간이다. 집밥은 집에서 먹는 밥이 아니다. 가족을 비롯해 누구든 남이 해줘야 집밥이다. 우리는 친구가 자기 집에서 짜장면을 시켜 주거나, 집에서 배달 음식을 먹을 때 집밥을 먹는다고 하지 않는다.

집밥이라는 단어는 공간 개념을 담았지만 핵심은 인적 개념이다.

　　하지만 집에 가도 내게 밥을 해줄 사람은 없다. 밥을 해 먹을 도구는 있으나 때로 지친 날에는 이를 이용할 여력 또한 사치다. 과거에는 부자가 외식을 많이 했다. 지금은 시대가 돌고 돌아 충분한 주방 공간과 시간적인 여유, 가족을 포함해 많은 사람들과 자리할 수 있는 기반을 가진 사람이 제대로 된 집밥을 먹을 수 있다. 우리 혼밥족들은 집밥이 점차 사치의 영역이 되어 가고 있음을 느낀다.

　　그래서 혼자 살고 또 매일이 바쁜 우리 외식인들은 푸근한 식당을 찾는다. 어머니를 식당 주인으로 대체하고, 가족을 친구 혹은 반찬 그 자체로 대체하고 밥 한 공기에 감정 이입을 하며 주린 외로움을 채우는 것이다. 때로는 화려한 음식을 먹더라도, 대부분은 그날의 저녁 끼니를 어찌 해결할까 고민하며 사는 것이 일상이다.

백반의 주인공은 제육볶음이다. 이 고기를 통해 제대로 한끼 했다는 느낌이 들어야 식사의 완성인 것이다. 식었더라도 전에서 기름기를 느끼고 제육에서 고기 맛과 달달한 양념 맛을 봐야. 그래야 저녁식사다.

어느 퇴근길, 그리 유명하지 않은 동네 백반집을 찾는다.

일상이 엄청난 정성과 일류의 솜씨로만 채워질 수는 없다. 일상적 식사는 곧 일상을 반영하는 것. 그래서 백반은 처연하리만치 정직한 일상이다. 미지근한 듯 차갑고, 바삭하다고 보기엔 기름에 전 감자채 볶음이나 부추전에 젓가락이 간다. 이 기름기에 원초적 반가움이 앞서는 것을 보니 하루가 어지간히 고단했던 모양이다. 오뎅이니 멸치 볶음이니 하는 것들에 소주 한 박자를 삼킨다.

소박한 반찬들이 많이 깔린다.
엄청난 맛이라고 볼 수 없더라도
이게 백반이다.

이렇게 저녁 식사를 하면 하루에 마침표가 찍힌다. 소주라도 한잔했으니 딱히 아쉬울 것도 없다. 지극히 평범한 식당에서 특별히 기억나지도 않는 하루를 보낸다.

어떤 날의 백반에는 메추리알 장조림과 소시지가 있다. 평범한 반찬이지만 찬찬히 느끼면 물컹한 소시지 이후 아삭한 오이를 먹으며 식감의 대비를 즐기는 소박한 호사도 누릴 수 있다. 부정형의 마구잡이 같은 반찬들이지만 나름의 조합과 의미 부여를 통해 널려 있는 반찬이 맛의 규칙을 가지고 배열되는 것을 즐기는 게 백반의 맛이다.

계란프라이라도 나온다 치면 그곳은 단박에 푸짐한 백반집으로 등극

한다. 어쩌면 혼밥족으로 이 시대를 사는 우리는 세월을 거슬러 선사시대의 사냥꾼과 닮아 있다는 생각이 든다. 영양 과잉의 시대지만 편의점 도시락을 고를 때도,

백반집을 고를 때도 우리는 늘 단백질과 지방을 정조준한다. 달달한 고기 위주의 음식을 좋아하는 이를 두고 어린이 입맛이라고 하기도 하지만 그렇지 않다. 이건 살아남아야 하는 원시 사냥꾼의 입맛이다. 채식이니 유기농이니 하는 건강한 음식의 시대지만 여전히 사자의 심장으로 달달한 양념에 범벅이 된 고기와 프랑크소시지 하나라도 더 나오는 구성을 노리는 사냥꾼들도 이 시대를 함께 살아가고 있는 것이다. 계란프라이는 맛도 좋지만 그나마 천연의 건강한 음식이다. 그래서 계란프라이를 좋아한다. 나 같은 이 땅의 원시인들에게 계란프라이를 내주는 대자연과 같은 마음씨를 가진 식당을 좋아한다.

백반을 무시했던 스스로를 반성한다. 쌀밥이 주식인 나라에서 밥의 품격을 떨어뜨리는 주범이 백반집이라 생각했다. 백반은 반찬 재활용 문제에 더해 무의미한 반찬 가짓수 늘리기의 원흉이자, 탄수화물 섭취량만 늘리는 식단으로 음식 문화의 격을 떨어뜨린다고 생각했다.

하지만 빡빡한 생활 속에 잘 지은 밥보다는 같은 가격에 싸구려 고깃점, 아니 분홍 소시지라도 하나 더 있는 밥상을 찾는 사람들, 그 기대에 부응해야 하는 백반집에 한식을 망치는 주범이라는 혐의를 씌우는 것은 너무나 가혹하다. 화려한 파스타와 초밥에 실려 두둥실 붕 떠다니며 살다

소시지와 메추리알 장조림
그리고 오이무침과 계란프라이

가 현실에 발을 드뎌 보니 백반집이다. 환상에서 내려와 땀을 흘려 보니 이 세상이 백반집이다. 백반 함부로 까지 마라, 너는 누구에게 한번이라도 배부르게 하는 사람이었느냐. 제육 함부로 까지 마라, 너는 누구에게 한번이라도 푸짐한 사람이었느냐.

백반은 잘못이 없다. 백반을 찾는 사람들도 잘못이 없다. 우리의 동반자, 외식 인류의 구원자 제육볶음은 더더욱 잘못이 없다. 계란님께는 감히 잘못의 '잘'자도 꺼내지 말자. 그분은 완전식품이시다.

이러한 음식 문화가 가진 허와 실이 있겠지만 그건 이 세상의 허와 실일 뿐, 백반과 함께 일상을 보내는 사람들 역시 잘못이 없다.

집밥은 생활이며, 대부분의 일상생활은 밑반찬처럼 식은 듯, 미지근한 듯 그렇게도 적당히 채워진다. 그리하여 선명한 날것으로의 그저 그런 식사는 생활 그 자체라는 점에서 집밥과 다를 것도 없다. 시들지 않은 콩나물 무침을 먹으며 밥상에 널린 반찬과 온장고에 넣어 꾹꾹 눌린 맛없는 밥을 조금은 더 따뜻하게 바라보고 싶어졌다. 경쾌한 마늘종을 씹으며 식사에서 느껴지는 고단함과 즐거움 또한 있는 그대로 느끼고 싶어졌다. 바쁘고 피곤한 와중에 계란프라이에 소주 한가락이라도 삼킬 수 있으니 이 또한 아름다운 인생이 아닌가. 나는 이렇게 백반과 화해했다.

◎

혼자 앉아 편의점 도시락 안의 멸치볶음을 먹던 어느 날이었다. 내 나이 무렵의 아버지가 점심 무렵 드셨을 직장 인근의 백반, 그 삶의 음식은 혼자 먹기 편한 편의점 도시락이나 배달의 민족 주문 음식으로 모양을 바꾸어 내 삶에도 등장했다. 그래서인지 갑자기 아버지가 생각났다. 나는 여전히 지지리도 말을 듣지 않는 장남이다. 어렸을 때는 엄격한 훈육에 아버지가 무서웠다. 커서는 나를 위해 해주시는 말씀을 늘 잔소리로 치부하고 기성세대의 낡은 생각이라며 무시했다. 잘난 척하며 청개구리처럼 반대편에 서서 늘 아버지를 이기고 싶어 했다. 지금도 여전히 목을 빳빳하게 세우고 있지만… 뭐 잘났다고 방구석에서 혼자 도시락을 먹고 있다.

한없이 가볍게 젓가락에 따라 올라오는 멸치를 보며 김자반이니 콩나물이니 하는 것들에도 가장의 책임을 더해 삼키셨을 아버지의 삶을 생각했다. 가족을 챙기기 위해 드셨던 당신의 백반 속 멸치볶음과 나 하나 건사하기 위해 이기적으로 집어 삼키는 멸치볶음은 다른 무게의 음식일 것이다. 화려한 척하는 외식 인류의 삶에는 외식 계급의 백반에 빚이 있다. 힘든 건 매한가지다. 시대가 달라도, 입장이 달라도, 무게가 달라도.

외식 계급과 혼밥족 외식가는 각기 이유는 다를지언정 식생활의 외주화라는 흐름을 통해 다시 조우했다. 때로는 부정하고 수시로 갈등했던 아버지와 나의 삶은 이렇게 백반으로 작은 밥상머리 앞에서 재회하게 되었다. 멸치볶음을 먹다가 왈칵 눈물이 났고 눈가에 맺힌 아버지와 문득 화해했다. 물론 나 혼자 한 화해라 실제로는 아직도 데면데면하지만 말이다.

⋮ 3점짜리 밥상 ⋮

이후 여행을 다니며 지역의 맛있기로 유명한 음식을 만나는 것에 더해 평범한 기사식당이나 백반집에 자주 들르게 되었다. 시장통의 정식이니 보리밥이니 비빔밥이니 하는 것들의 생생함은 제철 음식만큼의 박진감이 있었다. 그중 인상 깊었던 곳은 벌교 시장 앞의 어느 식당이다. 백반집을 찾아다니는 여행을 시작하며 꼭 와보고 싶었던 곳인데 여기에 닿기까지 꽤 오래 걸렸다.

벌교는 전라남도 해산물 문화의 본거지 같은 곳이다. 뻘과 항구에서 꼬막, 황가오리, 간재미, 대갱이, 짱뚱어 같은 다양한 재료가 유입되고 전남 특유의 손맛이 뒤를 받치니 벌교색이 진한 해물 세계가 만들어진다. 그 해물들이 쏟아지는 벌교시장 바로 앞의 백반집이다. 허나 벌교시장에서 해물을 파는 이들이 어찌 해물을 매일 먹고 살겠는가. 어느 음식으로 유명한 동네건 백반은 백반이다. 그 꿋꿋함을 보여주는 식탁을 만나고 싶어 몇 해 전부터 와보고 싶었다. 탁자가 세 개 놓인 작은 공간이다. 옆에는 중절모를 쓴 할아버지와 시장 상인으로 보이는 아주머니가 앞치마도 풀지 않은 채 식사를 하고 계셨다. 조용히 남은 테이블에 몸을 비집고 들어가 앉았다. 파는 것은 백반 한 가지라 머릿수만 헤아리면 그걸로 주문이 끝난다.

일인당 3천 원의 백반이다.

일인당 3천 원이라는 가격을 가만히 음미해본다. 김밥 한 줄 사려면 2천 원을 내야 하는 세상이다. 편의점 도시락을 사도 3천 원은 가뿐히 넘는다. 강남의 이자카야에서 소주 한 병 주문할라치면 5천 원이 넘는다. 아무리 시골이어도 어찌 이런 가격이 가능할까 싶다.

혼자 밥 먹기 좋은 편리한 세상이다. 수많은 배달 앱이 갖가지 메뉴로 혼자 집에 있어도 모든 음식을 편하게 먹을 수 있다고 유혹한다. 배달 시스템의 발전과 코로나 바이러스의 압력으로 배달이 불가능하던 유명

레스토랑의 특별한 음식을 집에서 만날 수 있는 장점도 있다. 하지만 그런 식당이 어느 지역에나 있는 곳은 아니기에 수혜를 받는 지역은 대도시로 한정된다. 서울에서 배달 음식으로 홈 파티를 연다면 칭송할 만한 배달 시스템이지만, 정작 일상적 식사, 특히 혼자 식사하는 사람들에게 이 배달 시스템은 폭력적이다. (수수료와 배달 비용 때문에 현 시스템에서는 어쩔 수 없겠지만) 최소 주문 금액이 있어 필요하지 않은 음식까지 주문해야 하는 것이다. 떡볶이를 하나 먹으려 해도 1만4천 원을 내야 하고, 대수롭지 않게 만든 찌개나 냉면 한 그릇에도 원치 않는 고깃점을 더해 1만5천 원을 내야한다. 적당히 달달하게 만든 어중간한 음식, 못 만든 음식을 비싸게 먹어야 하니 싱글세의 또 다른 버전이라 볼만 하다.

그냥 동네 중국집에 전화해 짜장면 한 그릇 배달해 먹을 때가 더 좋았다. 불편해도 배달의 선택지가 아예 적어 슬리퍼 신고 집 밖의 백반집을 기웃거리는 것이 당연할 때가 좋았다. 일상에서 채우지 못하는 것을 시도하는 것이 여행 아니던가. 그래서 난 이 밥집을 찾아오는 길이 참 마음에 들었다.

지금 배달 앱의 왜곡된 리뷰 시스템에서는 모든 식당과 손님들이 5점 만점에 목을 맨다. 현실적으로 배달 앱의 어느 식당 리뷰에 평점 3점을

이런 것이 아마 평점 3점짜리 하루를 보낸 사람의
평점 3점 정도의 식사일 것이다.
직접 찾아가야만 만날 수 있는 귀한 3점이다.

매긴다면 이는 그곳에 대한 테러 수준일 것이다. 그런데 전 국토 대부분의 배달 식당의 평점이 4점을 넘어 5점에 가까운 것이 말이 되는가? 우리나라는 무슨 식도락의 천국인가? 배달 앱의 리뷰 점수를 읽다 보면 부자연스러움을 느낀다. 우리는 음식뿐 아니라 만점짜리 음식을 먹는 대열에 동참하고 있다는 환상도 함께 배달시키고 있는지도 모른다.

그러나 우리 삶에서 평범한 3점은 자연스럽고 또 가치 있는 것이다. 중간 정도의 점수의 가치가 복원되는 것, 이는 밥을 넘어 우리가 해결해야 할 숙제다. 그 3점의 가치를 스스로 만들고 경험하며 음미해보는 것도 의미가 있다. 그것이 어쩌면 바로 요리다. 배달로는 평범한 3점짜리의, 대수롭지 않지만 안전한 밥을 만나기가 어렵다. 그래서 우리는 어설프더라도 더욱 더 요리를 해야 한다. 호사스러운 집밥은 어렵더라도, 작은 자취

방 주방에 인덕션 한 칸밖에 없더라도 거기에 라면 대신 가끔 된장찌개라도 끓고 있으면 좋겠다. 백종원 씨가 운영하는 식당이 맛있다고 생각해본 적은 별로 없지만 집밥의 가치를 알리고 문턱을 낮추는 그의 시도가 시의적절하고 또 옳다고 생각하는 이유다. 지금 우리가 조촐하게 만드는 요리가 삶의 평범한 3점의 가치를 복원하는 의미 있는 과정이라고 생각한다면 지나친 과장일까.

할매가 차려준 밥상을 찬찬히 살펴본다. 무려 반찬이 열다섯 가지다. 평범과 평범이 만나 선善을 이루었다. 가격에 걸맞게 물론 고기나 해물은 없다. 하지만 고기가 없어야 마땅하고 없어서 더 귀한 밥상이다. 뻔한 주인공이 빠지니 조연들의 맛이 비로소 보인다. 나물과 푸성귀 위주의 반찬이지만 부지깽이나 지역색이 드러나는 김치 맛이 좋았다. 3천 원에 이리 푸짐하게 나오는 것이 중요한 것이 아니다. 어디 거창한 떡갈비 한정식집

반찬이었으면 반찬 꽤 나오네 싶지, 이리 감사한 마음으로 하나하나 꼭꼭 씹어 맛보지는 않았을 것이다. 멸치와 더불어 유이唯二한 단백질을 담당한 오뎅을 사진까지 찍어가며 먹어보진 않았을 것이다.

자신을 낮춘 이 백반은 흔해 보이는 밑반찬을 주인공으로 만들어준다. 오뎅이 이런 소중한 맛이었고, 깻잎이 이런 맛이었고, 무나물이 이런 달큰한 맛이었는지 찬찬히 먹어보게 한다. 작은 점수가 모여 만들어진 숭고하고 귀한 3점의 가치를 알려주는 밥상이다. 덕분에 이날 나의 하루도 점수로 매기자면 3점은 되었던 것 같다. 멋진 하루였다.

: 쌀밥의 대관식 :

어느 해 안동에 갔을 때였다. 소갈비가 유명한 안동에서 소갈비구이를 먹는 뻔한 그림이 지겨워 반항심에 돼지고기를 먹자고 돌아다녔다. 그러다 찾은 어느 실내포장마차에서 친구들과 그저 그런 안주에 그저 그런 대화를 하다가 메뉴에 떡 하니 놓인 삼겹살과 탁자 옆에 대놓은 난로를 보았다. 혹시나 하는 생각에 삼겹살을 주문했다.

평범과 평범이 만나 선을 이룬 밥상

연탄불에 기름이 바로 떨어지는 직화구이라 굽기 난도가 높고 딱히 더 맛있을 것도 없다. 그러나 난로에 바로 고기를 구워먹는 현장감, 석쇠를 들었다 났다 하며 그을음과 불맛의 경계에서 이뤄지는 팽팽한 줄다리기가 즐겁다. 하물며 '안전빵'으로 맛소금을 더하는데 맛에 무얼 걱정하랴.

난로 구이 삼겹살. 나도 그렇게까지 어른은 아니라서 난로에 고기를 구워먹은 추억은 없다. 그러나 이런 광경에 식욕이 동하는 것은 원초적

명절 즈음이라
나물들이 많다.
지역의 손맛이 고스란히
담긴 반찬이다.
이런 나물 반찬에
밥 한 공기를 비울 수
있음에 감사한다.

감각이다. 기억이 아니라 본능에 각인된 욕구가 고기로 모습을 바꿔 연탄 불에 활활 타오르고 있었다.

이 식당의 진짜 변신은 여기서부터다. 그저 고기에 곁들이기 위해 밥을 시켰을 뿐이다. 사실 그전에 나왔어도 되는 반찬들인데 밥을 주문하면 그제서야 나온다. 주인장의 머리로는 안주와 반찬을 명확히 구분하기 때문일 것이다. 반찬값을 따로 받지 않으니 밥에 으레 나오는 밑반찬인데 여기서 보물이 쏟아져 나온다. 이 지역의 생활이 우르르 나온다.

언제 밥을 시키나 보자 벼르고 있었다는 듯이 생생한 반찬과 국이 나온다. 화려하지는 않아도 어쩌면 주방에 있는 것을 다 내주신 것이리라. 백반에는 반찬이 있어야 하니까 주섬주섬 꺼내신 것이리라. 주인장은 안주에는 양과 가격 등에서 계산이 서 있겠지만 갑자기 밥과 반찬에서는 계

소고기무국을 고춧가루 없이 하얗게 끓였으니 술보다는 영락없이 밥에 곁들이는 국이다. 고기도 넉넉히 넣었고, 고기, 두부, 무가 모두 깍둑썰기로 되어 있어 모양의 조화가 뛰어나다. 힘주지 않고 자랑도 하지 않았지만 아주 진하게 끓인 탕국이다. 그냥 원래 이 정도 만드시는구나 할 뿐이다.

산이 무너진다. 그게 이곳에서 밥을 대하는 태도다. 술 마시고 국물이 필요한 사람들도 있겠지만 어딜 감히. 국은 밥에 따라 나오는 것이다. 반찬들이 기본 안주가 될 수도 있겠지만 어딜 감히. 반찬은 밥을 보필하는 신하다. 음식 맛도 좋았지만 멋진 난로 구이 고기를 가볍게 제치고 반찬을 거느리는 밥상의 제왕으로의 밥, 백반의 주인공으로서의 밥 한 공기가 즉위하는 장면을 만날 수 있어 좋았다. 그래, 이게 백반이지.

: 비빔밥 블루스 :

안동에 며칠 더 머물렀다. 전국적으로 유명한 갈비와 유명한 해장국 덕에

스쳐 지나간 적은 많았지만 머무른 것은 처음이다. 시장 근처를 돌아다니다 보리밥을 먹었다. 이런 음식을 먹는 것이 곧 이 동네를 먹는 것이니까.

혼자 오신 손님들이 많았고, 각자 다른 자리에 앉아 있어도 서로서로들 아는 눈치다. 음식에 더하여 가게와 동네 손님들이 서로 의지해 살아가는 모습을 구경하는 맛이 좋았다. 깡술 먹지 말고 간단한 안주라도 들고, 식사도 좀 겸하라는 의미에서 식당에서 내놓는 저렴한 음식들과 늘 편하게 들려주는 손님들의 하모니, 그리고 그걸 구경하는 뜨내기인 우리가 어우러진 풍경이었다.

좁디좁은 식당에 얽히고설켜 누가 시킨지도 모를 공공재 같은 막걸리와 반찬 쪼가리들, 배고프다며 문 벌컥 열고 들어오는 장정에게 있는 재료 석석 비벼 내주고 또 함께 나눠먹는 백반의 비빔밥과 그 풍경을 보는 나, 아니 그 순간만큼은 낯선 외지인임에도 그 풍경에 비벼져 있는 나를 느껴본다. 그저 음식만 비벼지고 있지 않음을 느끼는 것이 시골 백반집을 즐기는 또 다른 방법이다. 비빔밥의 재료를 묶어내는 것은 고추장이지만, 이 풍경을 비벼내는 것은 서로에 대한 환대와 따뜻한 시선이 아닐까.

평범하고 또 평범한 광경이지만 코로나 바이러스의 시대가 되어 이 장면을 다시 돌아보면 생각이 많아진다. 이 시장통 비빔밥을 둘러싼 풍경

밥은 밥상의 제왕이고,
반찬은 밥을 보필하는 신하다.

8. 한국 더러운 것들

201

가게 간판의 인상이 상당하다.
그런데 보기 드물게 남자 주인장이.
그것도 상냥한 남자 주인장이
있는 가게였다.

동태찌개와 닭발이 5천 원으로 가장 비싸고
대부분 3천 원 이하의 음식을 판다.
계란말이는 2천 원이었다.

은 얼마나 지속될 수 있을까. 함께 둘러 앉아 있기도 힘든 세상이다. 각자 조용히 식사를 할 수 있겠지만 다붓다붓 모여 숟가락을 섞어 가며 먹는 일은 힘들 것이다. 함께 재료를 비벼 나눠먹는 비빔밥의 역동성은 코로나 바이러스 앞에서 얼마나 무기력해지는가. 안동의 식당에서 사람들이 밥을 나눠먹는 풍경은 내게 사회적 어울림과 환대, 관용의 상징처럼 기억되었다. 이 어울림의 음식은 사람들이 기억조차 하지 못하는 도도새가 될 것인가, 기억에만 남아 있는 공룡어 될 것인가, 아니면 억척스럽게 밥을 비비는 손길처럼 끈질기게 삶과 함께 살아남을 것인가.

감염병의 시대에 위생의 중요성과 과학적 방역의 원칙은 아무리 강조해도 지나침이 없다. 그러나 그에 못지않게 이 위기에서 감염자에 대한 조롱과 배척으로 드러나는 우리의 공격성에 대한 방역도 중요할 것 같다. 확진자가 늘어나는 상황에 대한 답답함을 이해 못하는 것은 아니지만 편향된 분노의 표출이 당연하게 여겨지고 마침내 타인에 대한 환대와 소수에 대한 배려로 대표되는 우리 사회의 윤리의 둑이 무너질 때, 코로나 바이러스 유전체는 우리 사회의 DNA에 가장 파괴적인 형태로 삽입된다. 비빔밥 문화의 쇠퇴로 상징되는 공동체 정신의 쇠락, 관용의 위기는 코로나 바이러스 때문일까, 아니면 집단적인 불신, 조롱을 통해 분노의 투사 projection 대상을 찾아 헤매는 우리 스스로의 공격성 때문일까. 생물학적 코로나 바이러스 백신은 과학자들의 몫이지만 사회적 백신은 함께 살아가

고 있는 우리들의 몫이다. 다시 한 번 당신과 밥을, 여행길을, 서로의 삶을 마음 편히 버무리고 비빌 수 있는 날이 오기를 기다려본다. 각기 다른 재료가 어우러진 밥이 새삼 예쁘게 보였다.

◎

이튿날 안동댐을 구경하고 의성이나 군위 같은 도시에 가려고 일찍 일어났다. 아침을 먹기 위해 신시장을 둘러보다 작은 밥집을 찾았다. 아침 시간이었는데 이미 만석이다. 작은 가게가 부지런한 할아버지들로 꽉 찼고 도저히 자리가 날 기미가 보이지 않는다. 아침 영업을 마치면 문을 닫는단다. 오기가 생겨 안동에 하루 더 머물기로 했다.

'여기서 밥 한 공기 꼭 먹고 가고 말리라.'

그리고 다음 날 아침 다시 찾은 식당에서 겨우 한 자리를 청할 수 있었다.

나중에 알고 보니 유명 TV 프로그램에 출연했다고 했다. 그러나 외지인은 우리 일행뿐이었다. 외지인이 침범하기엔 동네 어르신들 즐기기에도 모자란, 테이블 딱 두 개의 작은 공간이다.

다시 한 번 당신과 밥을,
서로의 삶을 버무리고
비빌 수 있는 날이 오기를….

메뉴판이 있기는 한데 무얼 골라 주문할 수 있는 상황은 아니다. 합석이라도 자리가 있는 것이 감지덕지다. 우리는 세 명이었는데, 주인장은 밥이 한 공기밖에 없으니 셋이 백반 일인분이라도 먹고 가겠느냐고 묻는다. 이른 아침이지만 가게는 벌써 영업을 마칠 준비를 하고, 옆 테이블의 세상 부지런한 할아버지들은 이미 막걸리가 거나하다. 옆 테이블을 가만히 살펴 보니 오고 가는 사람들이 많다. 지나가다 들른 사람들이 밥 한 숟가락, 반찬 몇 점에 탁주 한 잔 거들고 일어나기도 하고 서로 안부를 묻고 인사를 나눈다. 작은 탁자 한 칸이 이 아침 지역의 거점 역할을 톡톡히 하고 있었다.

한입 한입 먹다 보니 커다란 대접의 밥도 어느새 빈 그릇이다. 이런

4천 원짜리 보리밥 백반 1인분이다. 밥의 양을 보면 이것이 어찌 1인분인가. 밥에 썩썩 비벼 먹는 진한 된장과 고등어조림 등 단백질 반찬도 풍성하다. 세상 인심 좋은 식당 많다지만 1인분밖에 안 남아 미안하다며 세 명에게 이 푸짐함을 4천 원에 제공하려는 곳은 드물 것 같다. 실제로 밥통이 작은 우리 일행 세 명이 먹기 충분했고, 정말 4천 원만 받으려고 하셔서 셋이 배 채운 값을 드리고 나왔다.

분위기와 생생한 음식 맛이 바로 동네 맛이려니 싶다. 어떤 지역의 시그니처는 관광객에게 널리 소문난 단품 음식이 아니라 동네마다 약간씩 다른 이런 구성의 백반일 것이다. 지역에서 명물로 소문난 음식을 경험하는 것도 즐겁지만 그저 시장통의 이름 없는 집에서 만나는 백반 한 상, 보리 비빔밥 한 그릇을 가만히 들여다보는 것도 재미있다. 지역을 불문하고 백반이라는 음식 형태가 공유하고 있는 특징을 관찰하기도 하고, 점차 획일화되는 구성을 보며 걱정을 하기도 한다. 그러나 그 걱정을 비집고 나오는 지역마다 다른 김치의 맛, 무뚝뚝한 손을 통해 습관처럼 내주는 나물에서 느껴지는 계절의 맛이 백반을 찾는 즐거움이다. 뻔한 반찬의 소중함을 알아가는 것이 백반이 주는 가르침이다. 우리나라 어느 지역을 가든 만날 수 있는 이런 보리밥과 반찬들은 구석구석의 삶 그 자체를 닮아 아

름답다.

뻔하고 흔하고 주목받지 못하지만 없으면 서운하고 어디서나 늘 조연인 것이 밑반찬들이다. 고사리나물을 먹으며 너무 스스로 주연이 되려고만 살아오지는 않았는지 생각해 본다. 밑반찬에 고마워하고 스스로도 밑반찬이 될 수 있는 용기를 가진 사람이 되는 것이 백반을 닮아가는 여정일 것이다. 여행은 끝났지만 내가 어디 있든 이 여정은 진행형이다.

밥과 반찬을 보며 내 친구들, 내가 진료 현장에서 만나는 환자들을 생각했다. 사실 내가 만나는 사람들은 그들이 거의 전부다. 내가 만나는 환자들이 쌀밥이라면, 그들이 삶을 마디마디 살아내는 것이 백반의 주인공인 쌀밥을 한 숟갈 한 숟갈 삼키는 과정과 같다면, 나는 쌀밥 옆 콩자반이나 콩나물 무침 정도 되는 정신과 의사였으면 좋겠다. 그저 시금치 무침 정도 되는 친구였으면 좋겠다.

내 능력에 윤기가 빛나는 양념 소갈비까지 될 수는 없을 것이다. 그러나 그냥 자연스레 옆에 있는 밑반찬들처럼 별 티도 나지 않지만 문득 '아, 거기 늘 있었구나' 싶은 정신과 의사가 될 수 있으면 좋겠다. 가끔씩만 눈에 띄지만 가끔은 새삼 반가운 친구로 살아갈 수 있으면 좋겠다.

그러나 나도 가끔은 동치미 정도의 청량감 있는 시원한 맛이 나길 바라는 욕심은 난다. 콩자반과 동치미 사이. 도대체 어떤 맛일지는 모르겠지만.

'오늘 점심 뭐 먹지?'

　　요즘 종종 점심 끼니를 거른다. 밀려 있는 오전 진료가 끝나면 이미 오후 진료 시작 시간이 지나버린 후다. 그렇게 밥이 중요했던 내가 가장 밥과 멀어진 생활을 하고 있다.

　　상상할 수 없는 일이다. 몇 년 전의 나라면 도저히 견딜 수 없는 생활이다. 그런데 견뎌진다. 자연스럽게 받아들여져 가끔 소스라치게 놀란다. 그래서 점심을 먹을 수 있는 날, 그날의 메뉴를 고민하는 것이 종종 사치스럽게 느껴지기도 한다. 그다지 두근거릴 일 없던 점심 메뉴, 아니 점심 식사 그 자체에 가슴이 뛰어보는 것도 새로운 경험이려니 한다.

　　앞으로 수많은 상황에서 또 다른 경험도 하게 될 것이다. 점심 굶는 생활도 받아들일 수 있다니 조금 더 유연해진 느낌이 들어 스스로를 위로한다.

　　시간이 지나고 보면 음식의 기억만큼이나 함께한 사람들 그리고 그 시기의 감정과 생각이 남는다. 음식을 경유했지만 그저 생활이 남는다. 때로는 음식이 뭐 그리 중요한가 싶다.

　　이리 지내다가도 언젠가는 다시 음식이 중요해질 것이다. 그때의 나는 어떤 생각을 하고 있을까. 그때의 나는 어떤 음식을 즐기고 어떤 비평을 하고 있을까. 생각만 해도 배가 불러오는 상상이다. (그때 나는 누구와 있을까.) 무엇을 어찌 먹든 삶이 흘러가는 대로 지켜보는 것은 재미있는 일이다.

감정을 직접 남기는 것이 내심 부담스러워서였을까. 나는 인터넷 공간에 식사의 기록을 빙자해 감정의 흔적을 남겨놓았을지도 모른다. 음식이라는 피사체의 사진으로 그때의 기억, 다루지 못한 감정을 박제해놓은 것 같다. 당시에는 음식의 기록을 남겼다고 생각했지만 훗날 찾아보니 생각과 감정이 더 눈에 들어온다. 책을 쓰게 된 것도 기록 덕분이리라.

요즘은 기록이 귀찮아 음식의 사진을 잘 찍지 않았다. 문득 오늘 저녁에는 오랜만에 낡은 카메라를 챙겨야겠다고 생각했다.

'그럼 그렇지.'

점심을 먹든 안 먹든 난 여전히 식사 한 끼를 통해 보는 내 감정과 생각을 중요하게 여기고 있나 보다. 이건 이거대로 괜찮지 않을까 싶어 가방 한쪽에 카메라를 욱여넣었다.

정신과 의사의 식탁

2021년 12월 12일 1판 1쇄 발행

지은이   양정우
펴낸이   박래선
펴낸곳   에이도스출판사
출판신고   제406-251002011000004호
주소   경기도 파주시 회동길 363-8, 308호
전화   031-955-9355
팩스   031-955-9356
이메일   eidospub.co@gmail.com
페이스북   facebook.com/eidospublishing
인스타그램   instagram.com/eidos_book
블로그   https://eidospub.blog.me/
표지 디자인   공중정원
본문 디자인   김경주

ISBN   979-11-85415-45-1   03590